电力系统继电保护

虚拟仿真实验案例

张义辉　胡　敏　主　编
吴明燕　莫　洋　张洪涛　副主编

中国电力出版社
CHINA ELECTRIC POWER PRESS

内 容 提 要

近年来，采用虚拟仿真实验来学习电力系统继电保护的基本原理和基本思想是一种新的方法。电力系统继电保护学科包含的内容体系庞杂、博大精深。采用案例教学法是为了让学生在有限的时间之内抓住重点、简化难点，突出工程应用。每一个精选的虚拟实验案例都包括了实验目的、实验原理、整定计算、实验内容和思考题五大部分，用实验案例层层递进来讲解继电保护的理论和技术。

本书共精选了电力系统继电保护最典型的八个案例。案例一介绍常规继电器虚拟仿真实验；案例二介绍输电线路三段式电流保护虚拟仿真实验；案例三介绍输电线路的方向性电流保护虚拟仿真实验；案例四介绍三段式距离保护虚拟仿真实验；案例五介绍电磁型三相一次重合闸虚拟仿真实验；案例六介绍输电线路的闭锁式方向纵联保护虚拟仿真实验；案例七介绍电力变压器差动保护虚拟仿真实验；案例八介绍变压器主保护虚拟仿真实验（基于 DCD-5）。

本书是校企合作编写的教材，由重庆科技学院和国网重庆市电力公司培训中心合作完成。在本书的编写过程中，力求做到通俗易懂、简明实用、先进新颖。本书既可以作为应用型本科类院校以及高职高专院校电气类专业的教材，也可以作为非电气行业的初学者、电气从业人员的岗前培训教材和学习参考书。

图书在版编目（CIP）数据

电力系统继电保护虚拟仿真实验案例/张义辉，胡敏主编．—北京：中国电力出版社，2023.9 (2024.2 重印)

ISBN 978-7-5198-8008-8

Ⅰ.①电… Ⅱ.①张…②胡… Ⅲ.①电力系统-继电保护-计算机仿真-教材 Ⅳ.①TM77-39

中国国家版本馆 CIP 数据核字（2023）第 138308 号

出版发行：中国电力出版社
地　　址：北京市东城区北京站西街 19 号（邮政编码 100005）
网　　址：http：//www. cepp. sgcc. com. cn
责任编辑：周秋慧（010-63412627） 杨芸杉
责任校对：黄　蓓　朱丽芳
装帧设计：张俊霞
责任印制：石　雷

印　　刷：中国电力出版社有限公司
版　　次：2023 年 9 月第一版
印　　次：2024 年 2 月北京第二次印刷
开　　本：710 毫米×1000 毫米　特 16 开本
印　　张：9.5
字　　数：179 千字
定　　价：48.00 元

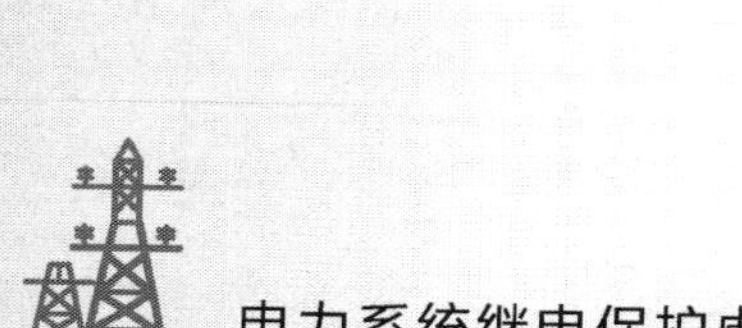

前言

电力系统继电保护是实现电力系统安全稳定运行的重要保障手段。对于电气工程及其自动化专业的学生来说，仅仅学习继电保护基本原理和整定计算，还远远不够。实际工作往往对二次回路读图、识图、接线以及调试训练的要求很高，因此，应用型本科大学应该更加重视这一方面。

重庆科技学院电气工程学院引进了上海静一信息科技有限公司的积件式继电保护及二次回路虚拟仿真实验平台。该平台由实验终端、服务器、工程界面、编辑界面和运行界面五个部分组成；采用开放式实验理念和实验架构，实验者只需使用具有上网功能的 Windows 系统电脑即可完成实验并能在线提交实验报告。

该虚拟实验软件以继电保护的各个重要知识点为蓝本，通过构建的虚拟真实场景，采用动画或文字的形式表现继电保护实际二次回路的动作过程，实现在真实教学中无法开展的实际工程实验，即真实工程环境的继电保护实验。既避免了传统实验教学中可能接触到高电压、大电流的危险性，同时也避免了变压器输电线路等一次设备和继电保护设备的高成本消耗。

本虚拟仿真实验以“真实”为设计原则，以“简单”为设计理念，抓住主要矛盾，忽略次要矛盾。既遵循工程实际情况，又根据教学要求做适当简化。创造性引入二次回路继电器动作情况，用动画的方式显示各种继电器动作情况及顺序，充分体现了“以学生为中心，虚实结合，能实不虚，相互补充”的教学理念。

教学内容最大的特色是所有对象都可以像 Word 软件写文章一样进行编辑修改保存。做实验如写文章，如果仅仅是模仿而不进行思考，永远没有创新。本教程由易到难，由验证到探究，为做好一个实验提供了一个开放式架构。

本项目在实验教学过程中，坚持以“学生中心、问题反思、自主探索”的实验教学方法。比如采用变电站情景式教学方法，参与式教学方法，探究式教学方法，案例教学方法，为实验深入开展提供了保证。

本书的案例一由重庆科技学院胡敏编写，案例二由重庆科技学院张海燕编写，案例三由重庆科技学院莫洋编写，案例四由国网重庆市电力公司培训中心吴明燕编写，案例五由国网重庆市电力公司杨聪和周文博编写，案例六由国网重庆市电力公司张洪涛编写，案例七、案例八由重庆科技学院张义辉编写。张义辉负责全书统稿工作。

本书参考了大量的文献，在此对文献的作者们表示感谢。由于水平、能力和知识面所限，不妥和错误之处恳请读者批评指正，不胜感谢。

编者

2023 年 7 月

目 录

案例一　常规继电器虚拟仿真实验

（一）实验目的

（1）了解继电器基本分类方法及其结构。

（2）熟悉几种常用继电器，如电流继电器、电压继电器、时间继电器、中间继电器、信号继电器等的构成原理。

（3）学会调整、测量电磁型继电器的动作值、返回值和计算返回系数。

（4）测量继电器的基本特性。

（5）学习和设计多种继电器配合实验。

（二）实验原理

继电器是电力系统常规继电保护的主要元件，它的种类繁多，原理与作用各不相同。

1. 继电器的分类

继电器按所反映的物理量的不同可分为电量与非电量的两种。属于非电量的有气体继电器、速度继电器等；反映电量的种类比较多，一般分类如下。

（1）按结构原理分为：电磁型、感应型、整流型、晶体管型、微机型等。

（2）按继电器所反映的电量性质可分为：电流继电器、电压继电器、功率继电器、阻抗继电器、频率继电器等。

（3）按继电器的作用分为：起动继电器、中间继电器、时间继电器、信号继电器等。

近年来电力系统中已大量使用微机保护，整流型和晶体管型继电器以及感应型、电磁型继电器使用量已有减少。

2. 电磁型继电器的构成原理

继电保护中常用的有电流继电器、电压继电器、中间继电器、信号继电器、阻抗继电器、功率方向继电器、差动继电器等。下面仅就常用的电磁型继电器的构成及原理作简要介绍。

（1）电磁型电流继电器。电磁型继电器的典型代表是电磁型电流继电器，

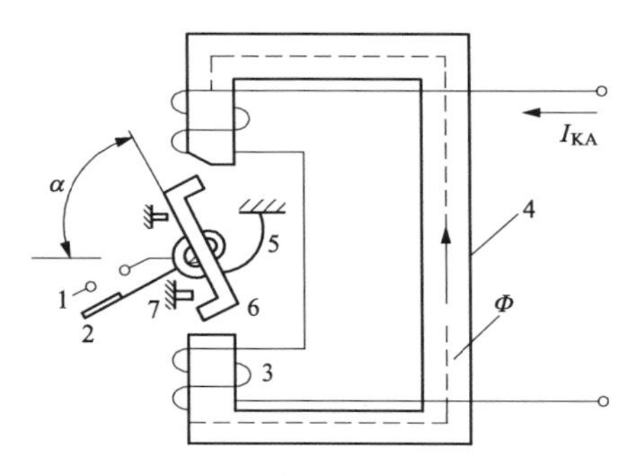

图 1-1　DL 系列电流继电器的结构图

它既是实现电流保护的基本元件，也是反映故障电流增大而自动动作的电器。

下面通过对电磁型电流继电器的分析，来说明一般电磁型继电器的工作原理和特性。图 1-1 为 DL 系列电流继电器的结构图，它由固定触点 1、可动触点 2、线圈 3、铁心 4、弹簧 5、转动舌片 6、止挡 7 组成。

当线圈中通过电流 I_{KA}时，铁心中产生磁通 Φ，它通过由铁心、空气隙和转动舌片组成的磁路，将舌片磁化，产生电磁力 F_e，形成一对力偶。由这对力偶所形成的电磁转矩，将使转动舌片按磁阻减小的方向（即顺时针方向）转动，从而使继电器触点闭合。电磁力 F_e 与磁通 Φ 的平方成正比，即

$$F_e = K_1\Phi^2 \tag{1-1}$$

其中

$$\Phi = I_{KA}N_{KA}/R_C \tag{1-2}$$

由式（1-1）和式（1-2）可推导出

$$F_e = K_1 I_{KA}^2 N_{KA}^2 / R_C^2 \tag{1-3}$$

式中　N_{KA}——继电器线圈匝数；

R_C——磁通 Φ 所经过的磁路的磁阻。

分析表明，电磁转矩 M_e 等于电磁力 F_e 与转动舌片力臂 l_{KA}的乘积，即

$$M_e = F_e l_{KA} = K_1 l_{KA}(N_{KA}^2/R_C^2)I_{KA}^2 = K_2 I_{KA}^2 \tag{1-4}$$

其中，K_2 为与磁阻、线圈匝数和转动舌片力臂有关的系数，即

$$K_2 = K_1 l_{KA}\frac{N_{KA}^2}{R_C^2} \tag{1-5}$$

从式（1-4）可知，作用于转动舌片上的电磁力矩与继电器线圈中的电流 I_{KA}的平方成正比，M_e 不随电流的方向而变化，所以，电磁型结构可以制造成交流或直流继电器。除电流继电器之外，应用电磁型结构的还有电压继电器、时间继电器、中间继电器和信号继电器。

为了使继电器动作（衔铁吸持，触点闭合），它的平均电磁力矩 M_e 必须大于弹簧及摩擦的反抗力矩之和（$M_S + M$）。所以由式（1-4）得到继电器的动作条件

$$M_e = l_{KA}K_1\frac{N_{KA}^2}{R_C^2}I_{KA}^2 > M_S + M \tag{1-6}$$

当 I_{KA}达到一定值后，式（1-6）即能成立，继电器动作。能使继电器动作

的最小电流称为继电器的动作电流，用 I_{OP} 表示，在式（1-6）中用 I_{OP} 代替 I_{KA} 并取等号，移项后得

$$I_{OP}=\frac{R_C}{N_{KA}}\sqrt{\frac{M_S+M}{K_1 l_{KA}}} \tag{1-7}$$

从式（1-7）可见，I_{OP} 可用下列方法来调整：

1）改变继电器线圈的匝数 N_{KA}；

2）改变弹簧的反作用力矩 M_S；

3）改变磁阻 R_C 的大小。

当 I_{KA} 减小时，已经动作的继电器在弹簧力的作用下会返回到起始位置。为使继电器返回，弹簧的作用力矩 M'_S 必须大于电磁力矩 M'_e 及摩擦的作用力矩 M'。继电器的返回条件为

$$M'_S \geqslant M'_e+M'=K'_2 l_{KA}\frac{N_{KA}^2}{R'^2_C}I_{KA}^2+M' \tag{1-8}$$

当 I_{KA} 减小到一定数值时，式（1-8）即能成立，继电器返回。能使继电器返回的最大电流称为继电器的返回电流，以 I_{re} 表示。在式（1-7）中，用 I_{re} 代替 I_{KA} 并取等号且移项后得

$$I_{re}=\frac{R'_C}{N_{KA}}\sqrt{\frac{M'_S-M'}{K'_2 l_{KA}}} \tag{1-9}$$

返回电流 I_{re} 与动作电流 I_{OP} 的比值称为返回系数 K_{re}，即 $K_{re}=I_{re}/I_{OP}$。反映电流增大而动作的继电器 $I_{OP}>I_{re}$，因而 $K_{re}<1$。对于不同结构的继电器，K_{re} 不相同，且在 0.8～0.98 这个相当大的范围内变化。

（2）电磁型电压继电器。电压继电器的线圈是经过电压互感器接入系统电压 U_s 的，其线圈中的电流为

$$I_r=\frac{U_r}{Z_r} \tag{1-10}$$

式中 U_r——加于继电器线圈上的电压；

Z_r——继电器线圈的阻抗。

$$U_r=U_s/n_{pt} \tag{1-11}$$

式中 n_{pt}——电压互感器的变比。

继电器的平均电磁力 $F_e=KI_r^2=K'U_s^2$，因而它的动作情况取决于系统电压 U_s。我国工厂生产的 DY 系列电压继电器的结构和 DL 系列电流继电器相同，其线圈是用温度系数很小的导线（例如康铜线）制成，且线圈的电阻很大。

DY 系列电压继电器分过电压继电器和低电压继电器两种。过电压继电器动作时，衔铁被吸持；返回时，衔铁释放。而低电压继电器则相反，动作时衔铁释放；返回时，衔铁被吸持。即过电压继电器的动作电压相当于低电压继电器

的返回电压；过电压继电器的返回电压相当于低电压继电器的动作电压。因而过电压继电器的 $K_{re}<1$；而低电压继电器的 $K_{re}>1$。DY 系列电压继电器的优缺点和 DL 系列电流继电器相同：触点系统不够完善，在电流较大时，可能发生振动现象；触点容量小不能直接跳闸。

(3) 时间继电器特性。时间继电器用来在继电保护和自动装置中建立所需要的延时。对时间继电器的要求是时间的准确性，且动作时间不应随操作电压在运行中可能的波动而改变。

电磁型时间继电器由电磁机构带动一个钟表延时机构组成。电磁起动机构采用螺旋线圈式结构，线圈可由直流或交流电源供电，但大多由直流电源供电。

其电磁机构与电压继电器相同，区别在于：当它的线圈通电后，其触点须经一定延时才动作，而且加在其线圈上的电压总是时间继电器的额定动作电压。

时间继电器的电磁系统不要求很高的返回系数。因为继电器的返回是由保护装置起动机构将其线圈上的电压全部撤除来完成的。

(4) 中间继电器特性。中间继电器的作用是在继电保护接线中增加触点数量和触点容量，实现必要的延时，以适应保护装置的需要。

它实质上是一种电压继电器，但它的触点数量多且容量大。为保证在操作电源电压降低时中间继电器仍能可靠地动作，中间继电器的可靠动作电压只要达到额定电压的 70%即可，瞬动式中间继电器的固有动作时间不应大于 0.05s。

(5) 信号继电器特性。信号继电器在保护装置中，作为整组装置或个别元件的动作指示器。按电磁原理构成的信号继电器，当线圈通电时，衔铁被吸引，信号掉牌（指示灯亮）且触点闭合。失去电源时，有的需手动复归，有的电动复归。信号继电器有电压起动和电流起动两种。

（三）整定计算

DL-11 型电流继电器实验接线图如图 1-2 所示，已知：电阻阻抗为 10Ω，DL-11 型电流继电器的两个线圈串联，合上开关 ST，当线圈回路的交流电源电压为 80V 时，DL-11 型电流继电器的触点闭合，试求电流继电器的整定值。

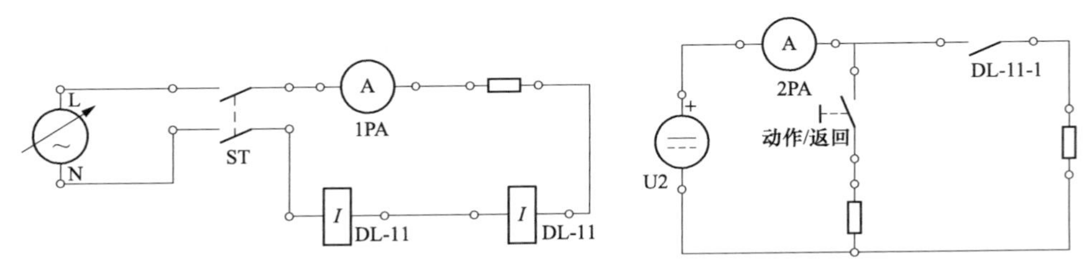

图 1-2　DL-11 型电流继电器实验接线图

备注：图 1-2 中的 $\boxed{I}$ 表示 DL-11 过电流继电器的电流型动作线圈。反映电流增大而动作。以下符号相同，不再赘述。

［答案］流过继电器电流：$I=\dfrac{U}{R}=\dfrac{80}{10}=8\text{A}$，因此可取电流整定值 $I_{set}=7\text{A}<I$。

（四）实验内容

1. 电流继电器特性实验

DL-11 型电流继电器特性实验接线图如图 1-3 所示，虚拟实验元器件清单见表 1-1。

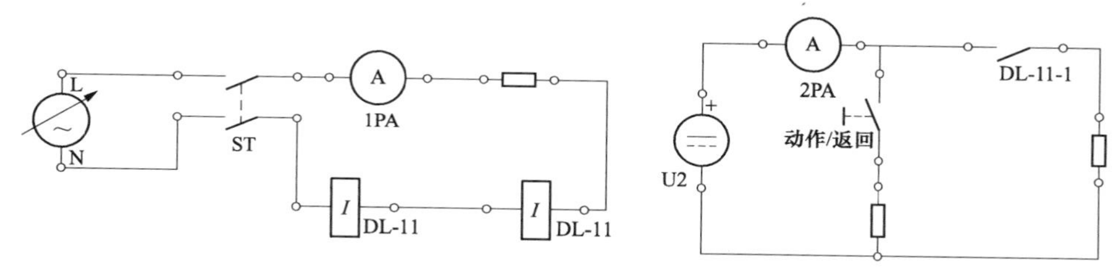

图 1-3　DL-11 型电流继电器特性实验接线图

表 1-1　　虚拟实验元器件清单

序号	名称	规格	数量
1	电流继电器	DL-11/10A	1
2	可调单相交流电源	TDAC2-5 220V	1
3	无复位动合按钮	手动操作开关（动合）	1
4	双极单掷刀开关	HD11F-600/21	1
5～7	电阻器	MFR016-10	1
		MFR016-25	1
		MFR016-5	1
8、9	电流表	JY-1	2
10	直流电源	D-1000W/24V	1

（1）虚拟实验步骤。

1）新建控制系统文件并进入编辑界面。按照上述元器件清单和实验接线图，在元器件库中正确选择相应元器件并完成该实验回路的绘制。

2）确保回路正确无误后。右键选中 DL-11 电流继电器，设置整定电流（如 8A）并确定。

3）运行该回路。右键选中可调单相交流电源，设置电压值为 0V（注：此对话框可暂不关闭），点击闭合双极单掷刀开关 ST，右键选中 1PA、2PA，查看电流表。

4）测取“动作电流 I_{OP}”（1PA 对应数据）。确保无复位动合“动作/返回”按钮处于断开状态。从左向右缓慢拖动调压滑块，采集并记录能使 DL-11 电流继电器动合触点“DL-11-1”闭合的最小动作电流 I_{OP}于表 1-2 中。

5）测取“返回电流 I_{re}”（1PA 对应数据）：点击闭合“动作/返回”按钮。

在步骤 4）的基础上，从右向左缓慢拖动调压滑块，采集并记录能使 DL-11 电流继电器动合触点“DL-11-1”由闭合到断开的最大返回电流 I_{re}于表 1-2 中。根据采集数据计算其返回系数 K_{re}，验证其规格参数的正确性。

表 1-2　　电流继电器动作值、返回值测试实验数据记录表

实验次数	整定值 I_{set}(A)	动作值 I_{OP}(A)	返回值 I_{re}(A)	返回系数 K_{re}
1				
2				

6）实验结束后，即可返回退出。

（2）绘制特征曲线。

1）定义“动作电流”特征曲线。X 轴为普通坐标，范围 0～20，Y 轴为普通坐标，范围 0～10；X 轴为电流表 1PA，Y 轴为电流表 2PA；输入曲线名称：动作电流；采样方式为连续采样；显示方式为点显示。

类似地，请自定义“返回电流”特征曲线。

2）绘制“动作电流”特征曲线。设置单相交流电源当前电压值 0、起始 0、终止 200、间隔 1。确保“动作/返回”按钮处于断开状态，闭合 ST。勾选“动作电流”特征曲线，点击“采样”按钮，使其处于待采样状态。点击电压设置值对话框中的“执行”按钮，即可自动采样并绘制出动作电流特征曲线。采样结束后，依次点击“停止采样”和“保存数据”按钮。

3）绘制“返回电流”特征曲线。设置单相交流电源当前电压值 250、起始 250、终止 0、间隔 1。点击闭合“动作/返回”按钮。勾选“返回电流”特征曲线，点击“采样”按钮，使其处于待采样状态。点击电压设置值对话框中的“执行”按钮，即可自动采样并绘制出返回电流特征曲线。采样结束后，依次点击“停止采样”和“保存数据”按钮。DL-11 电磁型电流继电器特征曲线如图 1-4 所示。

2. 电压继电器特性实验

DY-28C 型电压继电器特性实验接线图如图 1-5 所示，虚拟实验元器件清单见表 1-3。

（1）虚拟实验步骤。

1）在继电保护软件中，打开 DY-28C 欠电压继电器特性实验，并将其另存为本地资源。

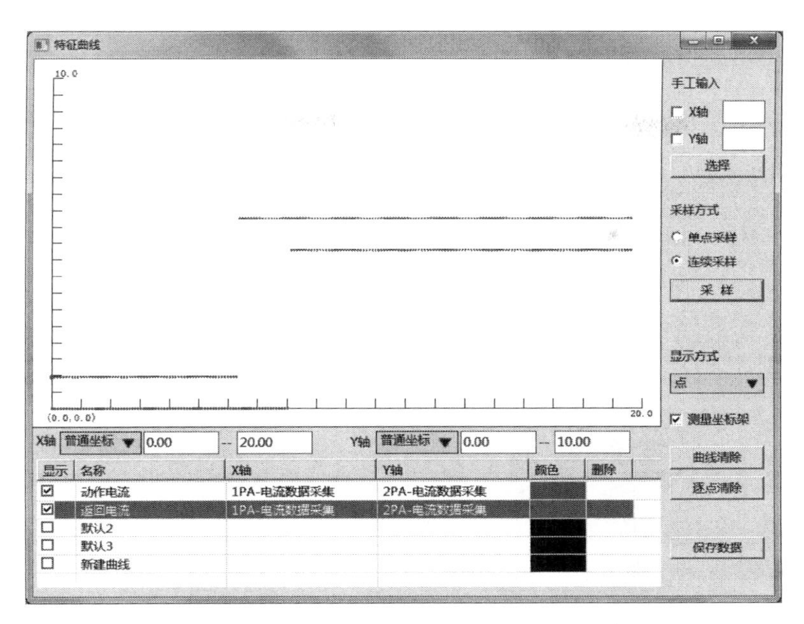

图 1-4　DL-11 电磁型电流继电器特征曲线（仅供参考）

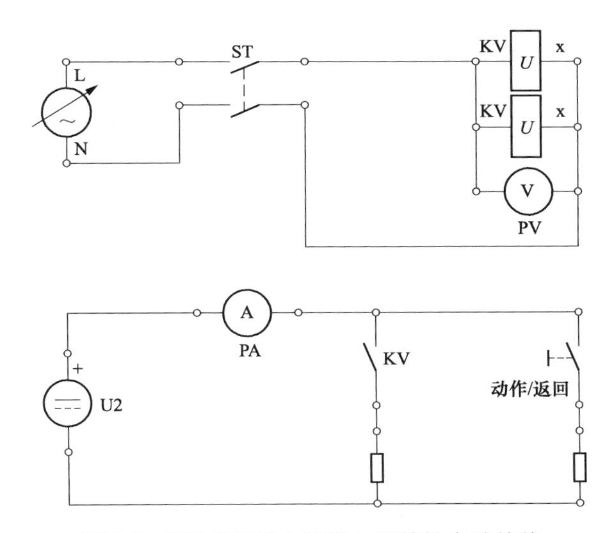

图 1-5　DY-28C 型电压继电器特性实验接线

表 1-3　　虚拟实验元器件清单

序号	名称	规格	数量/个
1	可调单相交流电源	TDAC2-5 220V	1
2	直流电源	JY-1	1
3	DY-28C 低电压继电器（AC/110）	DY-28C/160	1

续表

序号	名称	规格	数量/个
4、5	RM065 系列电阻器	MR05/MFR016-25	2
6	双极单掷刀开关	HD11F-600/21	1
7	无复位动合按钮	手动操作开关（动合）	1
8	电流表	JY-1	1
9	电压表	JY-1	1

备注：图中的 U 表示 DY-28C 低电压继电器的电压型动作线圈。反映电压降低而动作。以下符号相同，不再赘述。

2）在规定整定值范围内自由设定欠电压继电器整定电压值（如 60V）。

3）运行该电路。在“工具”菜单中点选显示特征曲线。点选已有特征曲线，并点击“曲线清除”按钮，清除历史数据（可选）。

4）右键选中并查看电压表、电流表。

5）动作电压测定。设置单相交流电源当前电压值 100、起始 100、终止 0、间隔 0.1。确保“动作/返回”按钮处于断开状态，闭合 ST。勾选“动作电压”特征曲线，点击“采样”按钮，使其处于待采样状态。点击电压设置值对话框中的“执行”按钮，即可自动采样并绘制出动作电压特征曲线。采样结束后，依次点击“停止采样”和“保存数据”按钮。

6）返回电压测定。设置单相交流电源当前电压值 0、起始 0、终止 100、间隔 0.1。点击闭合“动作/返回”按钮。勾选“返回电压”特征曲线，点击“采样”按钮，使其处于待采样状态。点击电压设置值对话框中的“执行”按钮，即可自动采样并绘制出返回电压特征曲线。采样结束后，依次点击“停止采样”和“保存数据”按钮。拖动测量坐标架。尽可能准确地采集、记录欠电压继电器的动作，返回电压值于表 1-4 中。

7）计算其返回系数并与元器件规格参数进行对比。

表 1-4　　欠电压继电器动作值、返回值测试实验数据记录表

项目	整定值 U_{set}(V)	动作值 U_{OP}(V)	返回值 U_{re}(V)	返回系数 K_{re}
1				
2				

8）实验结束后，即可返回退出。

(2) 绘制特征曲线（同电流继电器特性实验）。

（五）思考题

(1) 电磁型电流继电器、电压继电器和时间继电器在结构上有什么异同点？

（2）如何调整电流继电器、电压继电器的返回系数？

（3）电磁型电流继电器的动作电流与哪些因素有关？

（4）电压继电器和低电压继电器有何区别？

（5）在时间继电器的测试中为何整定后第一次测量的动作时间不计？

（6）为什么电流继电器在同一整定值下对应不同的动作电流，有不同的动作时间？

案例二　输电线路三段式电流保护虚拟仿真实验

（一）实验目的

（1）了解电磁式电流、电压保护的组成。

（2）学习电力系统电流、电压保护中电流、电压、时间整定值的调整方法。

（3）研究电力系统中运行方式变化对保护灵敏度的影响。

（4）分析三段式电流、电压保护动作配合的正确性。

（二）实验原理

1. 三段式电流保护

当网络发生短路时，电源与故障点之间的电流会增大。根据这个特点可以构成电流保护。电流保护分无时限电流速断保护（简称Ⅰ段）、带时限速断保护（简称Ⅱ段）和过电流保护（简称Ⅲ段）。下面分别讨论它们的作用原理和整定计算方法。

（1）无时限电流速断保护（Ⅰ段）。单侧电源线路上无时限电流速断保护的作用原理可用图 2-1 来说明。短路电流的大小 I_k和短路点至电源间的总电抗 X_Σ及短路类型有关。三相短路和两相短路时，短路电流 I_k与 X_Σ的关系可分别表示为

$$I_k^{(3)}=\frac{E_\phi}{X_\Sigma}=\frac{E_\phi}{X_s+x_0 l} \tag{2-1}$$

$$I_k^{(2)}=\frac{\sqrt{3}}{2}\frac{E_\phi}{X_s+x_0 l} \tag{2-2}$$

式中　E_ϕ——电源的等值计算相电动势；

X_s——归算到保护安装处网络电压的系统等值电抗；

x_0——线路单位长度的正序电抗；

l——短路点至保护安装处的距离。

由式（2-1）和式（2-2）可以看到，短路点距电源越远（l 越长），短路电流 I_k 越小；系统运行方式小（X_s 越大的运行方式），I_k 也小。I_k 与 l 的关系曲线

如图 2-1 中曲线 1 和 2 所示。曲线 1 为最大运行方式（X_s 最小的运行方式）下的 $I_k=f(l)$曲线，曲线 2 为最小运行方式（X_s 最大的运行方式）下的 $I_k=f(l)$曲线。

线路 AB 和 BC 上均装有仅反映电流增大而瞬时动作的电流速断保护，则当线路 AB 上发生故障时，希望保护 KA2 能瞬时动作，而当线路 BC 上故障时，希望保护 KA1 能瞬时动作，它们的保护范围最好能达到本路线全长的 100%。但是这种愿望是否能实现，需要做具体分析。

单侧电源线路上无时限电流速断保护的计算图如图 2-1 所示。以保护 KA2 为例，当本线路末端 k1 点短路时，希望速断保护 KA2 能够瞬时动作切除故障，而当相邻线路 BC 的始端（习惯上又称为出口处）k2 点短路时，按照选择性的要求，速断保护 KA2 就不应该动作，因为该处的故障应由速断保护 KA1 动作切除。但是实际上，k1 和 k2 点短路时，从保护 KA2 安装处所流过短路电流的数值几乎是一样的，因此，希望 k1 点短路时速断保护 KA2 能动作，而 k2 点短路时又不动作的要求就不可能同时得到满足。

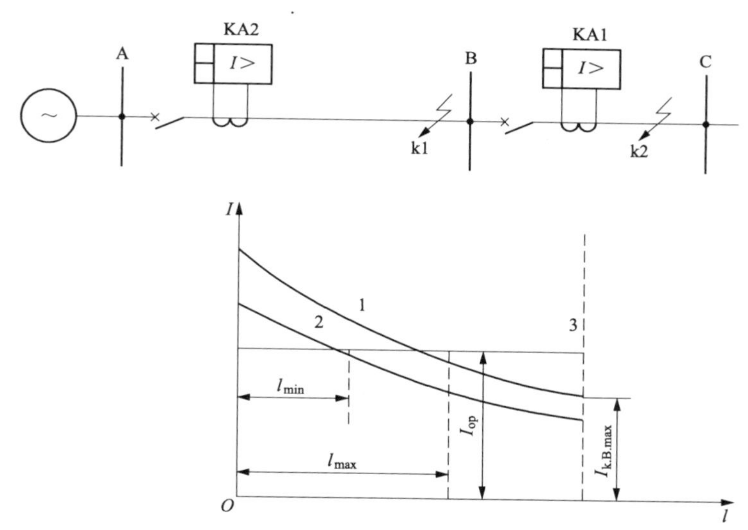

图 2-1　单侧电源线路上无时限电流速断保护的计算图

为了获得选择性，保护装置 KA2 的动作电流 I_{op2} 必须大于被保护线路 AB 外部（k2 点）短路时的最大短路电流 $I_{k.max}$。实际上 k2 点与母线 B 之间的阻抗非常小，因此，可以认为母线 B 上短路时的最大短路电流 $I_{k.B.max}=I_{k.max}$。根据这个条件得到 KA2 的动作电流，即

$$I_{op2}=K_{rel}^{I}I_{k.B.max} \tag{2-3}$$

式中　K_{rel}^{I}——可靠系数。

考虑到整定误差、短路电流计算误差和非周期分量的影响等，K_{rel}^{I} 可取为

1.2～1.3。

由于无时限电流速断保护不反映外部短路，因此，可以构成无时限的速动保护（没有时间元件，保护仅以本身固有动作时间动作）。它完全依靠提高整定值来获得选择性。由于动作电流整定后是不变的，在图 2-1 上可用直线 3 来表示。直线 3 与曲线 1 和 2 分别有一个交点。在曲线交点至保护装置安装处的一段线路上短路时，$I_{k}>I_{op2}$ 保护动作。在交点以后的线路上短路时，$I_{k}<I_{op2}$ 保护不会动作。因此，无时限电流速断保护不能保护线路全长的范围。如图 2-1 所示，它的最大保护范围是 l_{max}，最小保护范围是 l_{min}。保护范围也可以用解析法求得。

无时限电流速断保护的灵敏度用保护范围来表示，规程规定，其最小保护范围一般不应小于被保护线路全长的 15%～20%。

电流速断保护的主要优点是简单可靠，动作迅速，因而获得了广泛应用。它的缺点是不能保护线路 AB 的全长，并且保护范围直接受系统运行方式变化影响很大，当被保护线路的长度较短时，电流速断保护就可能没有保护范围，因而不能采用。

由于无时限电流速断不能保护全长线路，即有相当长的非保护区，在非保护区短路时，如不采取措施，故障便不能切除，这是不允许的。为此必须加装带时限电流速断保护，以便在这种情况下用它切除故障。

（2）带时限电流速断保护（Ⅱ段）。对这个新设保护的要求，首先应在任何故障情况下都能保护本线路的全长范围，并具有足够的灵敏性。其次是在满足上述要求的前提下，力求具有最小的动作时限。正是由于它能以较小的时限切除全线路范围以内的故障，因此，称之为带时限速断保护。带时限电流速断保护的原理可用图 2-2 来说明。

由于要求带时限电流速断保护必须保护本线路 AB 的全长，因此，它的保护范围必须伸到下一线路中去。例如，为了使线路 AB 上的带时限电流速断保护 A 获得选择性，它必须和下一线路 BC 上的无时限电流速断保护 B 配合。为此，带时限电流速断保护 A 的动作电流必须大于无时限电流速断保护 B 的动作电流。若带时限电流速断保护 A 的动作电流用 $I_{opA}^{Ⅱ}$ 表示，无时限电流速断保护 B 的动作电流用 $I_{opB}^{Ⅰ}$ 表示，则

$$I_{opA}^{Ⅱ}=K_{rel}^{Ⅱ}I_{opB}^{Ⅰ} \tag{2-4}$$

式中　$K_{rel}^{Ⅱ}$——可靠系数。

因不需考虑非周期分量的影响，$K_{rel}^{Ⅱ}$ 可取为 1.1～1.2。

保护的动作时限应比下一条线路的速断保护高出一个时间阶段，此时间阶段以 Δt 表示。即保护的动作时间 $t_{A}^{Ⅱ}=\Delta t$（Δt 一般取为 0.5s）。

带时限电流速断保护 A 的保护范围为 $l_{A}^{Ⅱ}$（见图 2-2）。它的灵敏度按最不利

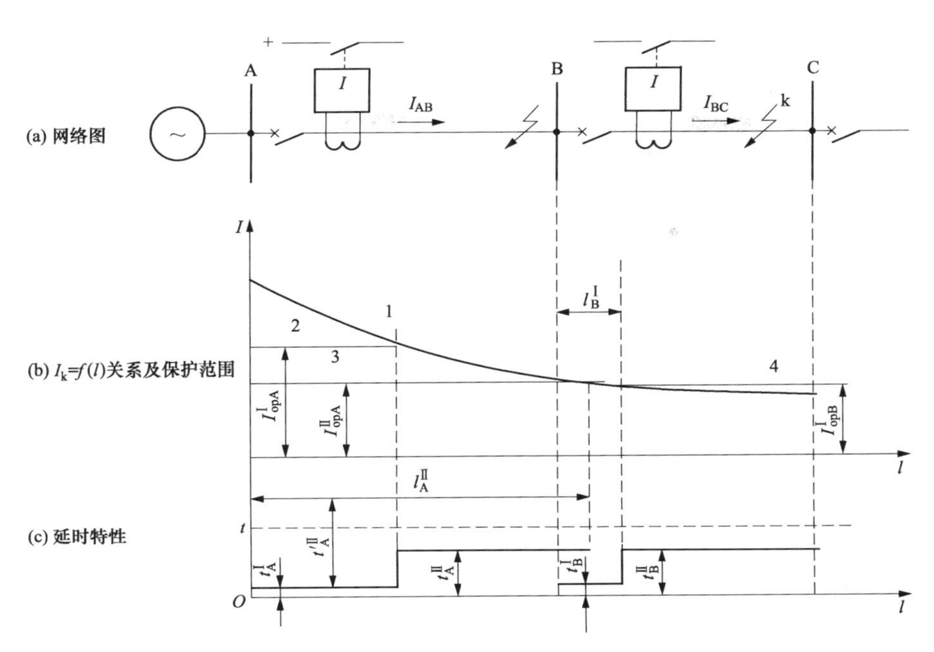

图 2-2　带时电流速断保护计算图

1—$I_k=f(l)$关系；2—I_{opA}^{I}线；3—I_{opA}^{II}线；4—I_{opB}^{I}线

情况（即最小短路电流情况）进行检验，即

$$K_{sen}^{II}=I_{k.min}/I_{opA}^{II} \tag{2-5}$$

式中　$I_{k.min}$——在最小运行方式下，在被保护线路末端两相金属短路的最小短路电流。

规程规定 K_{sen}^{II}应不小于 1.3～1.5。K_{sen}^{II}必须大于 1.3 的原因是考虑到短路电流的计算值可能小于实际值、电流互感器的误差等。

由此可见，当线路上装设了电流速断和限时电流速断保护以后，它们的联合工作就可以保证全线路范围内的故障都能够在 0.5s 的时间内予以切除，在一般情况下都能够满足速动性的要求。具有这种性能的保护称为该线路的主保护。

带时限电流速断保护能作为无时限电流速断保护的后备保护（简称近后备），即故障时，若无时限电流速断保护拒动，它可动作切除故障。但当下一段线路故障而该段线路保护或断路器拒动时，带时限电流速断保护不一定会动作，故障不一定能消除。所以，它不起远后备保护的作用。为解决远后备的问题，还必须加装过电流保护。

（3）定时限过电流保护（Ⅲ段）。过电保护通常是指其启动电流按照躲开最大负荷电流来整定的一种保护装置。它在正常运行时不应该启动，而在电网发生故障时，则能反映电流的增大而动作。在一般情况下，它不仅能够保护本线路的全长范围，而且也能保护相邻线路的全长范围，以起到远后备保护的作用。

为保证在正常运行情况下过电流保护不动作，它的动作电流应躲过线路上可能出现的最大负荷电流 $I_{L.max}$，因而确定动作电流时，必须考虑两种情况：

其一，必须考虑在外部故障切除后，保护装置能够返回。例如在图 2-3 所示的接线网络中，当 k1 点短路时，短路电流将通过保护装置 5、4、3，这些保护装置都要启动，但是按照选择性的要求，保护装置 3 动作切除故障后，保护装置 4 和 5 由于电流已经减小应立即返回原位。

其二，必须考虑当外部故障切除后，电动机自启动电流大于它的正常工作电流时，保护装置不应动作。例如在图 2-3 中，k1 点短路时，变电站 B 母线电压降低，其所接负荷的电动机被制动，在故障由 3QF 保护切除后，B 母线电压迅速恢复，电动机自启动，这时电动机自启动电流大于它的正常工作电流，在这种情况下，也不应使保护装置动作。

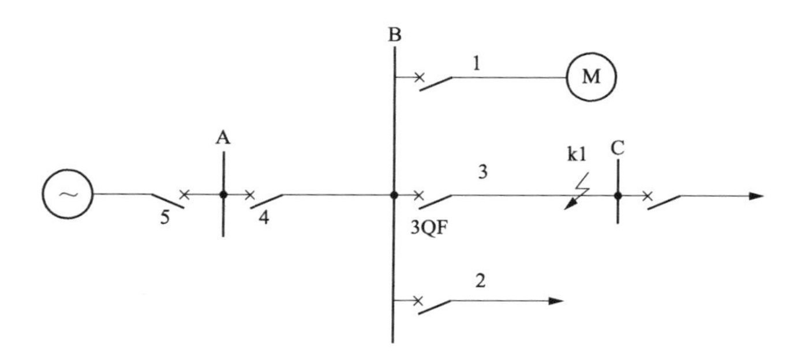

图 2-3　选择过电流保护启动值及动作时间的说明

考虑第二种情况时，定时限过电流保护的整定值应满足：

$$I_{op}^{\mathrm{III}} > K_{ss} I_{L.max} \tag{2-6}$$

式中　K_{ss}——电动机的自启动系数，它表示自启动时的最大负荷电流与正常运行的最大负荷电流之比。

当无电动机时 $K_{ss}=1$，有电动机时 $K_{ss}\geqslant 1$。

考虑第一种情况，保护装置在最大负荷时能返回，则定时限过电流保护的返回值应满足

$$I_{re} > K_{ss} I_{L.max} \tag{2-7}$$

考虑到 $I_{re}<I_{op}^{\mathrm{III}}$，将式（2-7）改写为

$$I_{re} = K_{rel}^{\mathrm{III}} K_{ss} I_{L.max} \tag{2-8}$$

式中　K_{rel}^{III}——可靠系数。

考虑继电器整定误差和负荷电流计算不准确等因素，K_{rel}^{III}取为 1.1～1.2。

考虑到 $K_{re}=I_{re}/I_{op}$，所以

$$I_{op}^{\mathrm{III}}=\frac{1}{K_{re}}(K_{rel}^{\mathrm{III}}K_{ss}I_{L.max}) \tag{2-9}$$

为了保证选择性，过电流保护的动作时间必须按阶梯原则选择（见图 2-4）。两个相邻保护装置的动作时间应相差一个时限阶段 Δt。

过电流保护灵敏系数仍采用式（2-5）进行检验，但应采用 I_{op}^{III} 代入，当过电流保护作为本线路的后备保护时，应采用最小运行方式下本线路末端两相短路时的电流进行校验，要求 $K_{sen}\geqslant 1.3\sim 1.5$。当作为相邻线路的后备保护时，则应采用最小运行方式下相邻线路末端两相短路时的电流进行校验，此时要求 $K_{sen}\geqslant 1.2$。定时限过电流保护的原理图与带时限过电流保护的原理图相同，只是整定的时间不同而已。

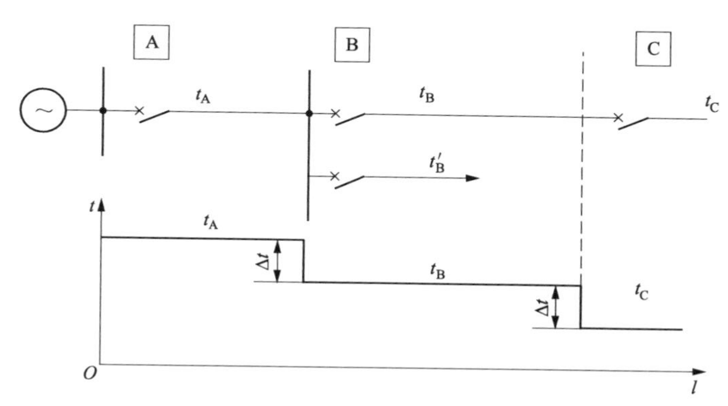

图 2-4 过电流保护动作时间选择的示意图

2. 电流电压联锁保护的作用原理

当系统运行方式变化很大时，电流保护（尤其是电流速断保护）的保护区可能很小，往往不能满足灵敏度要求，为了提高灵敏度可以采用电流、电压联锁保护。

电流、电压联锁保护可以分为电流、电压联锁速断保护，带时限电流、电压联锁速断保护和低电压启动的过电流保护三种。由于这种保护装置较为复杂，所以只有当电流保护灵敏度不能满足要求时才采用。

下面主要介绍电流、电压联锁速断保护和低电压启动的过电流保护，带时限电流、电压联锁速断保护，由于实际上很少采用，故不讨论。

（1）电流电压联锁速断保护的工作原理。电流、电压联锁速断保护工作原理可以用图 2-5 来说明。保护的电流元件和电压元件接成“与”回路，因此，只有当电流、电压元件都同时动作时保护才能动作跳闸。

保护的整定原则和无时限电流速断保护一样，躲开被保护线路外部故障。由于它采用了电流和电压测量元件，因此，在外部短路时，只要有一个测量元

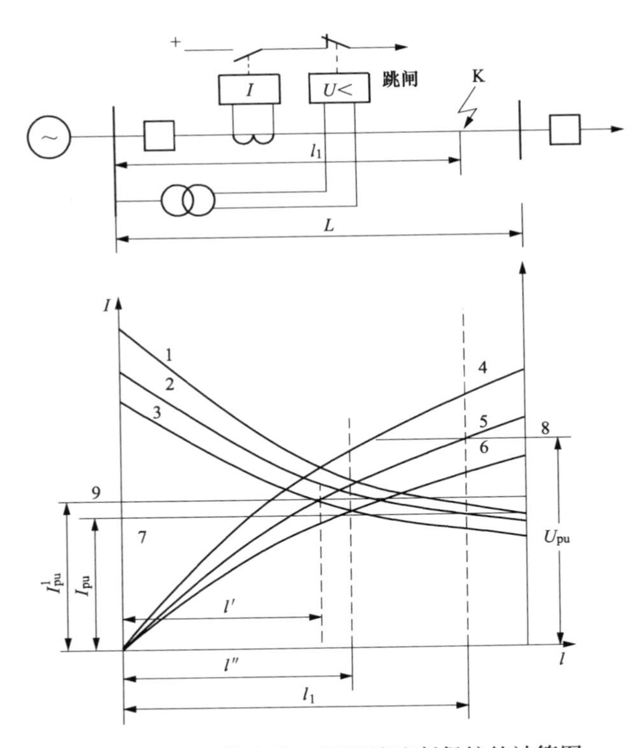

图 2-5 无时限电流电压联锁速断保护的计算图

1、2、3—在最大、正常和最小运行方式下的 $I_K=f(l)$ 关系曲线；

4、5、6—在最大、正常和最小运行方式下的 $U_K=f(l)$ 关系曲线；

7、8—I_{pu} 和 I_{pu}^1，分别为有电压联锁和无电压联锁时的动作电流；

9—U_{pu}，为低电压继电器的动作电压

件不动作，保护就能保证选择性。保护的具体整定方法有几种。常用的是保证在正常运行方式下有较大的保护范围作为整定计算的出发点。整定方法：在图 2-6 中假设保护线路的长度为 L。为保证选择性，在正常运行方式时的保护区为

$$l_1=\frac{L}{K_{rel}}\approx 0.75L \tag{2-10}$$

式中 K_{rel}——可靠系数，取为 1.3～1.4。

因此，电流继电器的动作电流为

$$I_{pu}=\frac{E_\phi}{X_s+x_0 l_1} \tag{2-11}$$

式中 E_ϕ——系统的等效相电动势；

X_s——正常运行方式下，系统的等效电抗；

x_0——线路单位长度的电抗；

I_{pu}——在正常运行方式下，保护范围末端（图 2-5 中 K 点）三相短路时

的短路电流。

由于在 K 点三相短路时，低电压继电器也应动作，所以它的动作电压为

$$U_{pu}=\sqrt{3}I_{pu}R_0l_1 \tag{2-12}$$

式中　U_{pu}——在正常运行方式下，保护范围末端三相短路时，母线 A 上的残余电压。

在此情况，两个继电器的保护范围是相等的。动作电流 I_{pu}和动作电压 U_{pu}分别用直线 7 和 8 表示在图 2-5 上。图 2-5 中的曲线 1、2 和 3 分别表示在最大、正常和最小运行方式下，短路电流 I_k 和 l 的关系曲线；曲线 4、5 和 6 则分别表示在最大、正常和最小运行方式下，母线 A 的残余电压 U_k 和 l 的关系曲线；直线 9 表示无时限电流速断保护的动作电流 I_{pu}^{I}。从图 2-5 中可以看到，如果线路上采用无时限电流速断保护，则它的最小保护范围为 l'。如果采用无时限电流电压联锁速断保护，则其最小保护范围为 l''(由电流元件决定)。显然 $l''>l'$。由此可见，采用电流电压联锁速断保护大大提高了灵敏度。由图 2-5 可见，在被保护线路以外短路时，保护不会误动作。在较正常运行方式更大的运行方式下，保护的选择性由低电压继电器来保证，因为在此情况，母线 A 上的残余电压 U_K 大于 U_{pu}，低电压元件不会动作。在较正常运行方式更小的运行方式下，保护的选择性由电流继电器来保证，因为在此情况下短路电流 I_k 小于 I_{pu}，电流元件不会动作。

(2) 低电压启动的过电流保护。这种保护只有当电流元件和电压元件同时动作后，才能启动时间继电器，经预定的延时后，启动出口中间继电器动作于跳闸。

低电压元件的作用是保证在电动机自启动时不动作，因而电流元件的整定值就可以不再考虑可能出现的最大负荷电流，而是按大于额定电流整定，即

$$I_{op}=\frac{K_{rel}}{K_{re}}I_N \tag{2-13}$$

低电压元件的动作值小于在正常运行情况下母线上可能出现的最低工作电压；同时，外部故障切除后，电动机启动的过程中，它必须返回。根据运行经验通常采用

$$U_{op}=0.7U_N \tag{2-14}$$

式中　U_N——额定电压。

低电压元件灵敏系数的校验，按式 (2-15) 进行：

$$K_{sen}=\frac{U_{op}}{U_{k.max}} \tag{2-15}$$

式中　$U_{k.max}$——在最大运行方式下，相邻元件末端三相金属性短路时，保护安装处的最大线电压。

注意：当电压互感器回路发生断线时，低电压继电器会误动作。因此，在低电压保护中一般应装设电压回路断线的信号装置，以便及时发出信号，由运行人员加以处理。

保护的延时特性以及各段保护的保护范围如图 2-6 所示。必须指出，在有些情况下，例如当主保护（Ⅰ段）能保护线路全长时，可以只采用两段保护（如Ⅰ、Ⅲ段或Ⅱ、Ⅲ段）。

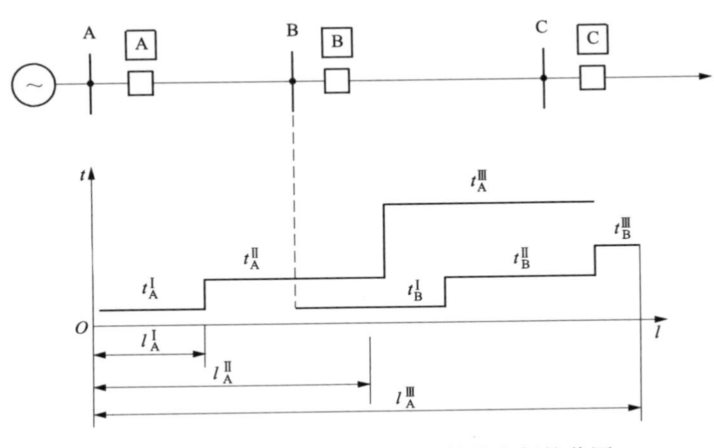

图 2-6　三段式电流保护的延时特性和保护范围

3. 复合电压启动的过电流保护

复合电压启动的过电流保护，在不对称短路时，靠负序电压启动低电压继电器，而在对称性故障时，是靠短时的低电压启动低电压继电器，靠继电器的返回电压较高来保持动作状态的。因此，其灵敏度比较高。

复合电压启动的过电流保护的整定办法除负序电压继电器的整定外，其余都与前述相同。负序电压继电器的动作电压可按躲开正常运行时的最大不平衡电压来整定，通常取

$$U_{2pu}=0.06U_{N} \tag{2-16}$$

保护装置的灵敏度的校验应按相同的原始条件，分别求出保护装置的电流元件和电压元件的灵敏系数。通常要求在远后备保护范围末端短路校验的灵敏度应不小于 1.2，种保护方式，不但灵敏度比较高，而且接线比较简单，因此应用比较广泛。

（三）整定计算

如图 2-7 所示的一次电路中，已知：线路 AB（A 侧）上装有三段式电流保护，线路 BC（B 侧）装有三段式电流保护，它们的负荷最大电流为 150A，负荷的自启动系数 K_{ss} 均为 1.5；线路 AB 第Ⅱ段保护的延时允许大于 1s；Ⅰ段可靠

系数 $K_{rel}^{I}=1.25$，Ⅱ段可靠系数 $K_{rel}^{II}=1.1$，Ⅲ段可靠系数 $K_{rel}^{III}=1.2$，返回系数 $K_{re}=0.85$；电源的 $X_{SA.max}=0.5\Omega$，$X_{SA.min}=0.8\Omega$；$x_0=0.4\Omega/km$，电流互感器变比都为 600/5，负荷阻抗 32Ω。其他参数见图 2-7。

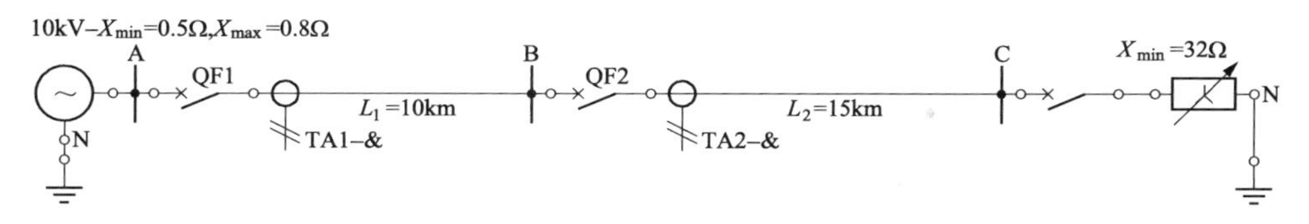

图 2-7　三段式电流保护一次系统原理图

试决定线路 AB（A 侧）和线路 BC（B 侧）各段保护动作电流及灵敏度。搭建二次回路，并自行检验正确性。三段式电流保护一次系统虚拟元器件见表 2-1。

表 2-1　三段式电流保护一次系统虚拟元器件

序号	元件显示	名称	型号	数量
1	10kV	三相交流电源	10kV-1Ω	1
2～4	A-C	三相母线	LMY-25-3	3
5～7	QF1～QF3	高压断路器	SN10-35/1250-20	3
8、9	TA1～TA2	三相电流互感器	LMZ3D-600/5	2
10	$X_{min}=32\Omega$	三相对称可变负载	Load500/100	1
11、12	L1-L2	输电线路	—	2
13	GND	接地	—	2

1. 保护 1（QF1）的整定

（1）电流速断（Ⅰ段）。

$$I_{set.1}^{I}=K_{rel}^{I}\frac{E_{\phi}}{Z_{s.min}+Z_{AB}}=1.25\times\frac{10.5/\sqrt{3}}{0.5+0.4\times 10}=1.684(kA)$$

$$I_{op.1}^{I}=\frac{I_{set.1}^{I}}{K_{jx}n_{TA}}=\frac{1.684\times 1000}{1\times 600/5}=14.0(A)$$

（2）限时电流速断（Ⅱ段）。

$$I_{set.2}^{I}=K_{rel}^{I}\frac{E_{\phi}}{Z_{s.min}+Z_{AC}}=1.25\times\frac{10.5/\sqrt{3}}{0.5+0.4\times(10+15)}=0.722(kA)$$

$$I_{set.1}^{II}=K_{rel}^{II}I_{set.2}^{I}=1.1\times 0.722=0.794(KA)$$

$$I_{op.1}^{II}=\frac{I_{set.1}^{II}}{K_{jx}n_{TA}}=\frac{0.794\times 1000}{1\times 600/5}=6.62(A)$$

（3）过电流保护（Ⅲ段）。

$$I_{\text{set.1}}^{\text{Ⅲ}}=\frac{K_{\text{rel}}^{\text{Ⅲ}}K_{\text{ss}}}{K_{\text{re}}}I_{\text{L.max}}=\frac{1.2\times1.5}{0.85}\times150=318(\text{A})$$

$$I_{\text{op.1}}^{\text{Ⅲ}}=\frac{I_{\text{set.1}}^{\text{Ⅲ}}}{K_{\text{jx}}n_{\text{TA}}}=\frac{318}{1\times600/5}=2.64(\text{A})$$

2. 保护 2（QF2）的整定

（1）电流速断（Ⅰ段）。

$$I_{\text{set.2}}^{\text{Ⅰ}}=K_{\text{rel}}^{\text{Ⅰ}}\frac{E_{\phi}}{Z_{\text{s.min}}+Z_{\text{AC}}}=1.25\times\frac{10.5/\sqrt{3}}{0.5+0.4\times(10+15)}=0.722(\text{kA})$$

$$I_{\text{op.2}}^{\text{Ⅰ}}=\frac{I_{\text{set.2}}^{\text{Ⅰ}}}{K_{\text{jx}}n_{\text{TA}}}=\frac{722}{1\times600/5}=6.02(\text{A})$$

（2）限时电流速断（Ⅱ段）（按灵敏度整定，$K_{\text{sen}}=1.2$）。

$$I_{\text{set.2}}^{\text{Ⅱ}}=\frac{\sqrt{3}}{2}\frac{E_{\phi}}{Z_{\text{s.max}}+Z_{\text{AC}}}\frac{1}{K_{\text{sen}}}=0.866\times\frac{10.5/\sqrt{3}}{0.8+0.4\times(10+15)}\times\frac{1}{1.2}=405.1(\text{A})$$

$$I_{\text{op.2}}^{\text{Ⅱ}}=\frac{I_{\text{set.2}}^{\text{Ⅱ}}}{K_{\text{jx}}n_{\text{TA}}}=\frac{405.1}{1\times600/5}=3.38(\text{A})$$

（3）过电流保护（Ⅲ段）。

$$I_{\text{set.2}}^{\text{Ⅲ}}=\frac{K_{\text{rel}}^{\text{Ⅲ}}K_{\text{ss}}}{K_{\text{re}}}I_{\text{L.max}}=\frac{1.2\times1.5}{0.85}\times150=318(\text{A})$$

$$I_{\text{op.2}}^{\text{Ⅲ}}=\frac{I_{\text{set.2}}^{\text{Ⅲ}}}{K_{\text{jx}}n_{\text{TA}}}=\frac{318}{1\times600/5}=2.64(\text{A})$$

（4）保护的动作时间如下：

$$t_2^{\text{Ⅲ}}=1\text{s}$$

$$t_1^{\text{Ⅲ}}=1+0.5=1.5\text{s}$$

$$t_1^{\text{Ⅱ}}=t_2^{\text{Ⅱ}}=0.5\text{s}$$

$$t_1^{\text{Ⅰ}}=t_2^{\text{Ⅰ}}=0\text{s}$$

（5）整定定值清单列表见表 2-2。

表 2-2　　整定定值清单列表

保护序号	一段定值（A）	二段定值（A）	三段定值（A）
1	14.0	6.62	2.64
2	6.02	3.38	2.64

（6）保护动作时间见表 2-3。

表 2-3　　保护动作时间

保护序号	一段延时（s）	二段延时（s）	三段延时（s）
1	0	0.5	1.5
2			1

（四）实验内容

1. 二次系统接线图

三段式电流保护二次接线图（保护 2）如图 2-8 所示。

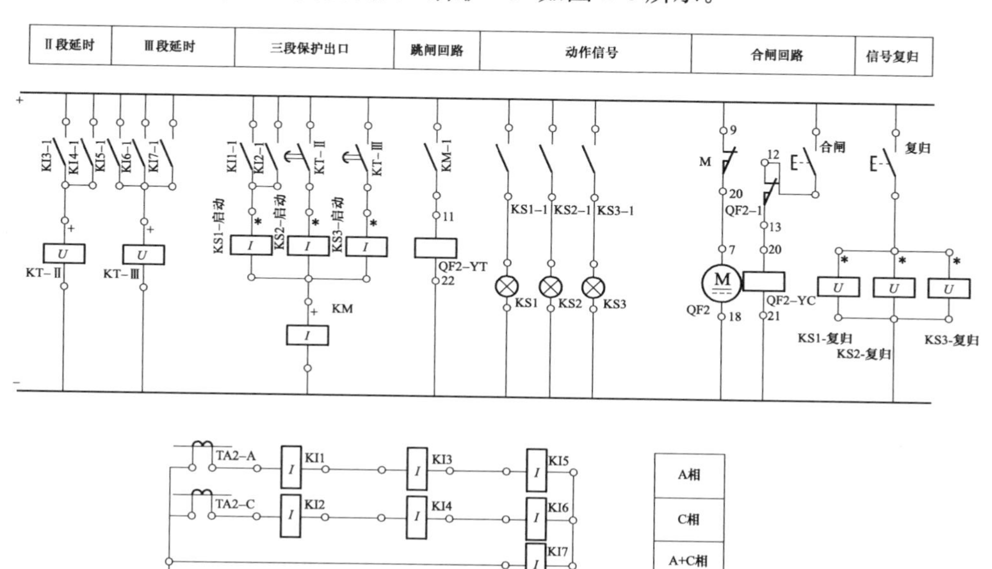

图 2-8　三段式电流保护二次接线图（保护 2）

备注：图中的 U 表示时间继电器 KT 或者信号继电器 KS 的电压型（直流）动作线圈。反映电压升高而动作。以下符号相同，不再赘述。

2. 虚拟实验元器件

三段式电流保护的二次系统元器件见表 2-4。

表 2-4　　三段式电流保护的二次系统元器件

序号	元件显示	名称	型号	数量
1、2	TA2-A（C）	三相电流互感器	LMZ3D-600/5	2
3～9	KI1-KI7	JY 电流继电器	JY-DL-250V-20A	7
10、11	KT-Ⅱ（Ⅲ）	JY 时间继电器	JY-DS 220V	2
12～14	KS1～KS3	JY 电流启动信号继电器	JY-DX220V-2A	3

续表

序号	元件显示	名称	型号	数量
15	KM	JY 中间继电器	JY-DS 2A	1
16	QF2	弹簧操动机构直流展开图	CT8-1 DC220V	1
17	合闸	自动复归手动按钮开关	JY-110V/3A	1
18	复归	自动复归手动按钮开关	JY-110V/3A	1
19	直流电源	直流电源（小母线形式）	DC-220V	1

3. 虚拟实验步骤

（1）在静—积件式继电保护及二次回路虚拟仿真实验软件中，新建一个工程。按图 2-7 添加并编辑一次回路，按图 2-8 添加并编辑二次回路。保护 1 和保护 2 的二次回路基本相同。

（2）按附录 A 的方法添加一次回路和二次回路的电流互感器 TA1、TA2 以及断路器 QF1、QF2 的对应关系，如图 2-9 所示。

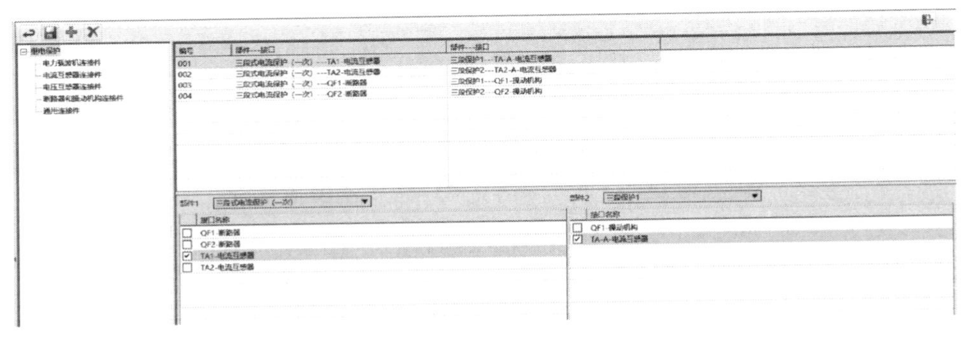

图 2-9　三段式电流保护的对应关系

（3）计算并设置各段保护的电流继电器、时间继电器整定值。

（4）运行该电路。待储动能电机储能结束后，点击合闸按钮闭合断路器 QF1，QF2 和 QF3 观察系统是否处于正常运行状态。

（5）电流速断保护（第Ⅰ段）。右键选中输电线 LAB，设置故障（此处以 A、B 相相间短路、金属性永久性、故障位置距 QF 5km 为例）。点击“设置故障”按钮，即可观察Ⅰ段保护相应继电器、指示灯和操动机构的动作情况。

实验结束后，依次点击“修复故障、复归，合闸 QF”按钮。

（6）限时电流速断保护（第Ⅱ段）。在Ⅰ段保护范围外设置输电线路故障（此处以 A、B 相相间短路、金属性永久性、故障位置距 QF 8km 为例）。再次点击输电线故障设置对话框中的“设置故障”按钮，即可观察Ⅱ段保护相应继电器、指示灯和操动机构的动作情况。

实验结束后，依次点击“修复故障、复归，合闸 QF”按钮。

（7）保护配合（Ⅰ段拒动，Ⅱ段动作）。在步骤4的基础上，右键选中中间继电器KM，设置故障。选择故障类型（此处以线圈不动作为例），并点击“设置故障”按钮。

再次点击输电线故障设置对话框中的“故障设置”按钮。观察中间继电器KM能否跳闸成功。观察相应继电器、指示灯和操动机构的动作情况。

实验结束后，依次点击“修复故障、复归，合闸QF”按钮。

（8）类似地，请自定义其他类型故障及验证各段保护间的配合。

通过上述实验操作，体会并掌握三段式电流保护的工作原理。

（9）实验结束后，即可返回退出。

注意：也可在“工具”菜单点选单步运行，点击下一步指示箭头查看保护的每一步动作情况。重新合闸设置故障时须关闭“单步”，点击连续菜单。

（五）思考题

（1）比较分析三段式电流保护和电压电流联锁保护，以及复合电压启动的过电流保护的灵敏性。

（2）电流保护和电流、电压联锁保护的整定值计算方法，有什么不同？

（3）分析电流Ⅰ段为什么不能保护线路全长。

（4）试分析三段式电流保护二次回路继电器的工作原理。

案例三　输电线路的方向性电流保护虚拟仿真实验

（一）实验目的

（1）熟悉相间短路功率方向电流保护的基本工作原理。

（2）进一步了解功率方向继电器的结构及工作原理。

（3）掌握功率方向电流保护的基本特性和整定实验方法。

（二）实验原理

1. 方向电流保护的基本原理

随着电力系统的发展及用户对供电可靠性要求的提高，出现了两侧电源或单电源环网的输电线路。在这样的电网中，为切除线路上的故障，线路两侧都装有断路器和相应的保护，如装设前面讲过的电流保护，将不能保证动作的选择性。

下面以两侧电源辐射型电网（见图 3-1）为例分析。

图 3-1　两侧电源辐射型电网

在图 3-1 中，以 3 号断路器 QF3 的电流保护为分析对象。在 k1 点短路时流过 3 号断路器 QF3 的电流从母线到线路；在 k2 点短路时流过 3 号断路器 QF3 的电流从线路到母线，k1 点短路和 k2 点短路流过 3 号断路器的短路电流数值有可能都达到保护的动作值。因为电流保护并不能判别电流的方向，所以在 k1 点和 k2 点短路，QF3 的电流保护都有可能动作。但在 k2 点短路时，根据选择性的要求，3 号断路器的保护不应该动作。如若保护动作，这将是失去无选择性的动作（图 3-1 中其他断路器 QF2、QF4、QF5 存在同样的问题）。

要解决选择性问题，可在原来电流保护的基础上装设方向元件（功率方向继电器）。首先分析不同点短路时短路功率的方向和规定功率的方向。规定功率的方向由母线流向线路的为正，功率的方向由线路流向母线的为负，并由功率方向继电器加以判断，当功率方向为正时动作，反之不动作。在 k1 点短路时，流过保护 3、4 的功率方向是由母线流向线路的，方向为正，保护 3、4 动作，断开断路器 QF3、QF4。在 k2 点短路时，流过断路器 1、2 的功率方向也是由母线流向线路的，方向为正，保护 1、2 动作，断开断路器 QF1、QF2，此时流过断路器 QF3 的功率是由线路流向母线，方向为负，保护 QF3 不动。这就保证了选择性，即输电线路区内故障保护动作，区外故障保护不动作。借助功率方向继电器，就可以很好地解决继电保护用于双侧电源和单侧电源环网输电线路时的选择性问题。

从图 3-1 中不难看出，在 k1 短路通过断路器 QF1 的功率方向也是由母线指向线路；k1 点故障断路器 1 的保护也满足动作条件。保护 1 是保护 3 的上级，保护 1 能反映 k1 点故障的保护是带延时的保护，当 k1 点发生故障时，断路器 QF3 在断路器 QF1 之前动作切除故障，故障切除后，断路器 1 的保护就返回，可保证供电的持续性，根据以上分析，判别短路功率的方向，是解决电流保护用于双侧电源或单电源环网输电线路选择性问题的有效方法。这种附加判别功率方向功能的电流保护，称为方向性电流保护，其触点连接图如图 3-2 所示。

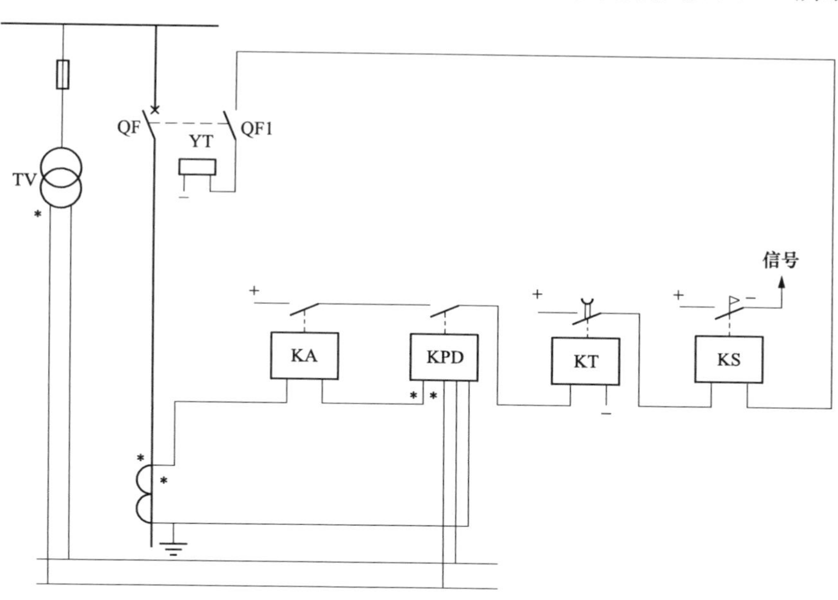

图 3-2 方向性电流保护原理图

在图 3-2 中，KPD 为功率方向继电器，如 LG-11 功率方向继电器。由 KPD 判别功率的方向，KA 判别电流的大小。只有在正向范围内发生了短路故障，KPD 和 KA 均动作，断路器才断开切除故障。为了减小功率方向继电器的死区，功率方向继电器广泛采用 90 度接线，即电流电压接入为：I_A-U_{BC}；I_B-U_{CA}；I_C-U_{AB}。

2. 方向电流保护的整定计算

当线路上某一点发生故障时，对任一断路器的保护装置，流过的短路电流都是单一方向的，所以，两端电流线路上电流保护的整定计算方法，与前面所讲的三段式电流保护的整定计算方法基本相同，不同的是方向电流保护要注意正向电流，即方向电流保护的动作电流要按正向电流计算。在图 3-1 中，计算断路器 QF1、QF3、QF5 这一组的速断保护的动作电流时，可将 QF6 断开计算各自线路末端的短路电流，再根据短路电流计算速断保护的动作电流；过电流保护的动作电流应根据正常运行时的最大负荷电流计算。同理，可将 QF1 断开计算另一方向的动作电流值，即 QF2、QF4、QF6 作为一组来计算速断保护的动作电流值。

对于方向过电流保护的时间整定，同方向的保护应按阶梯时限整定，将保护 1、3、5 和 2、4、6 同方向分别作为一组，在图 3-1 所示系统中，应满足

$$t_1 > t_3 > t_5; t_6 > t_4 > t_2 \tag{3-1}$$

$$t_1 = t_3 + \Delta t; t_3 = t_5 + \Delta t \text{ 及 } t_6 = t_4 + \Delta t; t_4 = t_2 + \Delta t \tag{3-2}$$

3. LG-11 型功率方向继电器

功率方向继电器简称功率继电器或方向继电器，其作用是判断功率的方向。对于正方向的故障其功率为正值功率方向继电器动作对于反方向的故障其功率为负值功率方向继电器不动作。电力系统中的功率方向继电器有感应型、整流型、晶体管型和集成电路型等几种不同型式，但就其构成原理来说，主要有相位比较和幅值比较两种。

LG-11 型功率方向继电器原理接线如图 3-3 所示。其中图 3-3（a）为继电器的交流回路图，也就是比较电气量的电压形成回路，加入继电器的电流为 $\dot{I}_m$，电压为 $\dot{U}_m$。电流 $\dot{I}_m$ 通过电抗变换器 DKB 的一次绕组 W1，二次绕组 W2 和 W3 端口 $\dot{K}_I\dot{I}_m$ 获得电压分量，它超前电流 $\dot{I}_m$ 的相角就是转移阻抗 $\dot{K}_I$ 的阻抗角，绕组 W4 用来调整 $\dot{K}_I$ 阻抗角的数值，以得到继电器的最大灵敏角。电压 $\dot{U}_m$ 经电容 C1 接入中间变压器 YB 的一次绕组 W1，由两个二次绕组 W2 和 W3 获得电压分量 $\dot{K}_U\dot{U}_m$，$\dot{K}_U\dot{U}_m$ 超前 $\dot{U}_m$ 的相角为 90°。DKB 和 YB 标有 W2 的两个二次绕组的联接方式如图 3-3（a）所示，得到动作电压 $\dot{K}_U\dot{U}_m+\dot{K}_I\dot{I}_m$，加于整流桥 BZ1 输入端；DKB 和 YB 标有 W3 的二次绕组的联接方式如图所示，得到制动电压 $\dot{K}_U\dot{U}_m-\dot{K}_I\dot{I}_m$，加于整流桥 BZ2 输入端。图 3-3（b）为幅值比较回路，它按循环电流式接线，执行元件采用极化继电器 KP。

继电器最大灵敏度的调整是利用改变变压器 DKB 第三个二次绕组 W4 所接的电阻值来实现的。继电器的内角 $\alpha=90°-\varphi_{\mathrm{k}}$，当接入电阻 R3 时，阻抗角 $\varphi_{\mathrm{k}}=60°$，$\alpha=30°$；当接入电阻 R4 时，阻抗角 $\varphi_{\mathrm{k}}=45°$，$\alpha=45°$。因此，继电器的最大灵敏度 $\phi_{\mathrm{sen}}=-\alpha$，并可以调整为两个数值，一个为 $-30°$，另一个为 $-45°$。

电压形成回路形成电压：

$$\begin{cases}\dot{U}_A=\dot{K}_{\mathrm{U}}\dot{U}_{\mathrm{m}}+\dot{K}_{\mathrm{I}}\dot{I}_{\mathrm{m}}\\ \dot{U}_B=\dot{K}_{\mathrm{U}}\dot{U}_{\mathrm{m}}-\dot{K}_{\mathrm{I}}\dot{I}_{\mathrm{m}}\end{cases}\tag{3-3}$$

幅值比较回路采用环流法接线，执行元件采用极化继电器 KP。

$$|\dot{U}_A|-|\dot{U}_B|\geqslant U_0\text{时,KP 动作。}$$

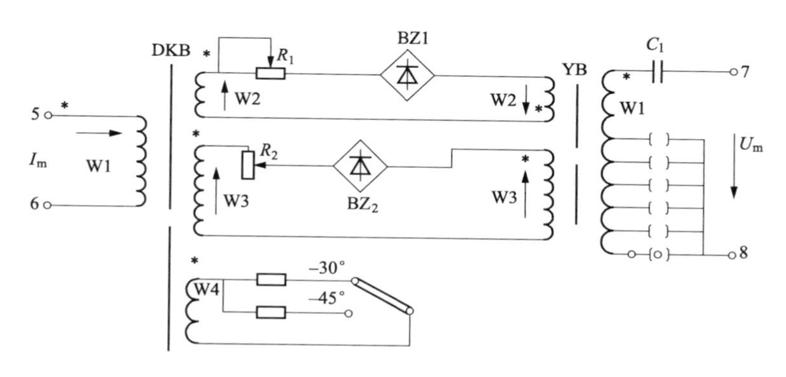

(a)交流回路图

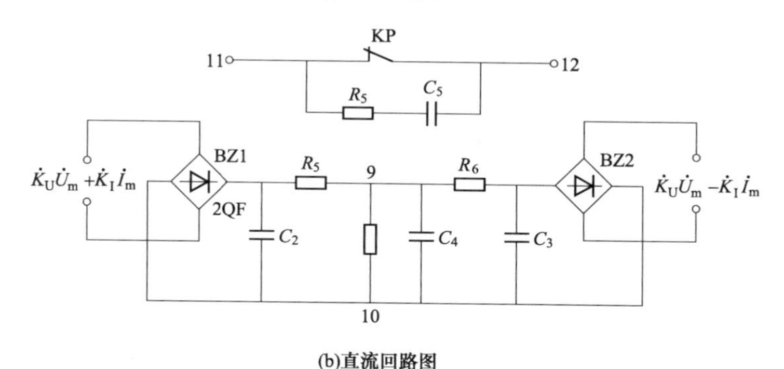

(b)直流回路图

图 3-3　LG-11 型功率方向继电器原理接线图

由幅值比较和相位比较的转换关系：

$$\begin{cases}\dot{U}_C=\dot{U}_A+\dot{U}_B=\dot{K}_{\mathrm{U}}\dot{U}_{\mathrm{m}}\\ \dot{U}_D=\dot{U}_A-\dot{U}_B=\dot{K}_{\mathrm{I}}\dot{I}_{\mathrm{m}}\end{cases},\quad -90°\leqslant \operatorname{Arg}\frac{\dot{K}_{\mathrm{U}}\dot{U}_{\mathrm{m}}}{\dot{K}_{\mathrm{I}}\dot{I}_{\mathrm{m}}}\leqslant 90°\text{，可得}$$

$$-(90^\circ-\alpha)\leqslant \text{Arg}\frac{\dot{I}_m}{\dot{U}_m}\leqslant 90^\circ+\alpha \tag{3-4}$$

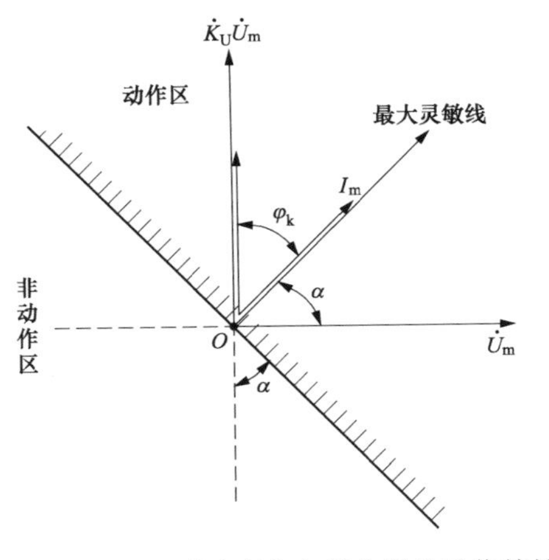

图 3-4　LG-11 型功率方向继电器的动作特性（α 为 30°或 45°）

依此，可作出功率方向继电器的动作区，如图 3-4 所示，以 $\dot{U}_m$ 为参考量，当 $\dot{I}_m$ 逆时针变化到最灵敏线位置时，$\dot{I}_m$ 超前于 $\dot{U}_m$ 角度为 α，此时，$\dot{K}_U\dot{U}_m$ 与 $K_I\dot{I}_m$ 同相位，动作量 $|\dot{U}_A|=|K_U\dot{U}_m+\dot{K}_I\dot{I}_m|$ 最大，制动量 $|\dot{U}_B|=|K_U\dot{U}_m-K_I\dot{I}_m|$ 最小，继电器工作最灵敏。此时，$\dot{I}_m$ 超前于 $\dot{U}_m$ 的角度称为灵敏角，用符号 ϕ_{sen} 表示，习惯上，电压超前电流的角度为正，电流超前电压的角度为负，因此，灵敏角 $\phi_{sen}=-\alpha$。

当 $\phi_m=\phi_{sen}$ 时，$\dot{K}_U\dot{U}_m$ 与 $\dot{K}_I\dot{I}_m$ 同相位，动作方程为

$$|K_U\dot{U}_m+\dot{K}_I\dot{I}_m|-|K_U\dot{U}_m-\dot{K}_I\dot{I}_m|\geqslant U_0 \tag{3-5}$$

当保护出口短路时，$K_I I_m \gg K_U U_m$，则上式可写为

$$(K_U U_m+K_I I_m)-(K_I I_m-K_U U_m)\geqslant U_0 \tag{3-6}$$

$$U_m\geqslant\frac{U_0}{2K_U} \tag{3-7}$$

式中　U_0——功率方向继电器的最小动作电压。

LG-11 型及 LG-12 型功率方向继电器，应用在方向保护中作为功率方向的判别元件，其中 LG-11 型用于相间短路保护，LG-12 型用于接地短路保护。

当母线出口附近一段区域发生三相短路，若母线残压 U_{rset} 小于 U_0 时，功率方向继电器不动作，因此，使功率方向继电器不能动作的区域称为功率方向继电器的电压“死区”。

LG-11 型功率方向继电器通过电压谐振回路短时“记忆”短路前电压的大小和相位来消除电压“死区”。

功率方向继电器接入互感器二次侧时，必须注意同名端“*”的接法，参见图 3-2。

（三）整定计算

如图 3-5 所示一次电路中，已知：线路 AB、BC、CD 上装有三段式电流保

护，线路的最大负荷电流为 $I_{AB}=180\text{A}$，$I_{BC}=90\text{A}$，$I_{CD}=180\text{A}$。负荷的自启动系数 K_{ss} 均为 1.3；线路 AB 第Ⅱ段保护的延时容许大于 1s；Ⅰ段可靠系数 $K_{rel}^{Ⅰ}=1.2$，Ⅱ段可靠系数 $K_{rel}^{Ⅱ}=1.15$，Ⅲ段可靠系数 $K_{rel}^{Ⅲ}=1.15$，返回系数 $K_{re}=0.85$；$L_{AB}=20\text{km}$，$L_{BC}=50\text{km}$，$L_{CD}=20\text{km}$，电源的 $X_{G1.max}=X_{G2.max}=5\Omega$，$X_{G1.min}=X_{G2.min}=7\Omega$；$x_0=0.4\Omega/\text{km}$，$E_{\varphi}=37/\sqrt{3}\text{kV}$，电流互感器变比都为 200/5。其他参数如图 3-5 所示。

试决定保护 QF1～QF6 各段动作电流、动作时间及灵敏度，并确定哪些保护安装功率方向继电器。搭建二次回路，并自行检验正确性。方向电流保护虚拟元器件见表 3-1。

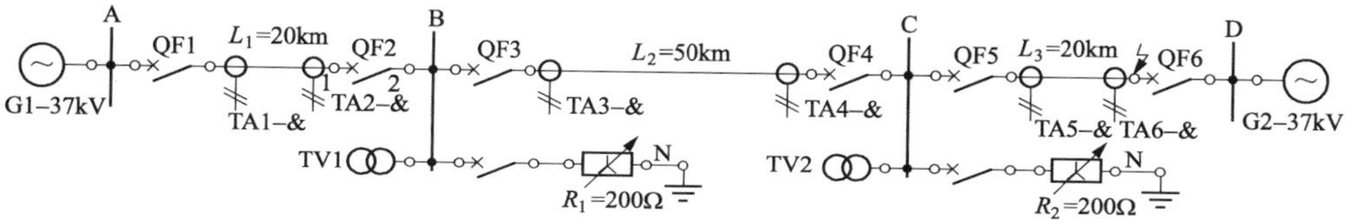

图 3-5　方向电流保护一次系统原理图

表 3-1　　方向电流保护一次回路虚拟元器件

序号	元件显示	名称	型号	数量
1、2	37kV（G1、G2）	三相交流电源不带中性点	JY-1	2
3～6	A-D	三相母线	LMY-25-3	4
7～12	QF1-QF6	高压断路器	SN10-35/1250-20	6
8～17	TA1～TA6	三相电流互感器一次侧	3×1	6
18、19	$R_1/R_2=200$	三相对称负载一次回路	JY-50Hz	2
20、21	TV1、TV2	三相电压互感器（Yy）	JY-1	2
22～24	L1-L3	输电线路	—	3
25、26	GND	接地	—	2

1. 短路电流计算

对于电源 G1：

$$I_{K.B}=\frac{E_{\phi}}{X_{s.max}+X_{AB}}=\frac{37/\sqrt{3}}{5+0.4\times 20}=1.643(\text{kA})$$

$$I_{K.C}=\frac{E_{\phi}}{X_{s.max}+X_{AC}}=\frac{37/\sqrt{3}}{5+0.4\times 70}=0.647(\text{kA})$$

$$I_{K.D}=\frac{E_{\phi}}{X_{s.max}+X_{AD}}=\frac{37/\sqrt{3}}{5+0.4\times 90}=0.521(\text{kA})$$

对于电源 G2：

$$I_{K.C}=\frac{E_{\phi}}{X_{s.max}+X_{DC}}=\frac{37/\sqrt{3}}{5+0.4\times 20}=1.643(kA)$$

$$I_{K.B}=\frac{E_{\phi}}{X_{s.max}+X_{DB}}=\frac{37/\sqrt{3}}{5+0.4\times 70}=0.647(kA)$$

$$I_{K.A}=\frac{E_{\phi}}{X_{s.max}+X_{DA}}=\frac{37/\sqrt{3}}{5+0.4\times 90}=0.521(kA)$$

2. 保护 1（QF1）的整定

（1）电流速断（Ⅰ段）。

$$I_{set.1}^{\mathrm{I}}=K_{rel}^{\mathrm{I}}I_{K.B}=1.2\times 1.643=1.972(kA)$$

$$I_{op.1}^{\mathrm{I}}=\frac{I_{set.1}^{\mathrm{I}}}{K_{jx}n_{TA}}=\frac{1.972\times 1000}{1\times 200/5}=49.3(A)$$

（2）限时电流速断（Ⅱ段）。

$$I_{set.3}^{\mathrm{I}}=K_{rel}^{\mathrm{I}}I_{K.C}=1.2\times 0.647=0.776(kA)$$

$$I_{set.1}^{\mathrm{II}}=K_{rel}^{\mathrm{II}}I_{set.3}^{\mathrm{I}}=1.15\times 0.776=0.893(kA)$$

$$I_{op.1}^{\mathrm{II}}=\frac{I_{set.1}^{\mathrm{II}}}{K_{jx}n_{TA}}=\frac{0.893\times 1000}{1\times 200/5}=22.32(A)$$

（3）过电流保护（Ⅲ段）。

$$I_{set.1}^{\mathrm{III}}=\frac{K_{rel}^{\mathrm{III}}K_{ss}}{K_{re}}I_{L.max}=\frac{1.15\times 1.3}{0.85}\times 180=316.6(A)$$

$$I_{op.2}^{\mathrm{III}}=\frac{I_{set.2}^{\mathrm{III}}}{K_{jx}n_{TA}}=\frac{318}{1\times 600/5}=2.64(A)$$

3. 保护 3（QF3）的整定

（1）电流速断（Ⅰ段）。

$$I_{set.3}^{\mathrm{I}}=K_{rel}^{\mathrm{I}}I_{K.C}=1.2\times 0.647=0.776(kA)$$

$$I_{op.3}^{\mathrm{I}}=\frac{I_{set.1}^{\mathrm{I}}}{K_{jx}n_{TA}}=\frac{776}{1\times 200/5}=19.4(A)$$

（2）限时电流速断（Ⅱ段）。

$$I_{set.5}^{\mathrm{I}}=K_{rel}^{\mathrm{I}}I_{K.D}=1.2\times 0.521=0.625(kA)$$

$$I_{set.3}^{\mathrm{II}}=K_{rel}^{\mathrm{II}}I_{set.5}^{\mathrm{I}}=1.15\times 0.625=0.719(kA)$$

$$I_{op.3}^{\mathrm{II}}=\frac{I_{set.3}^{\mathrm{II}}}{K_{jx}n_{TA}}=\frac{0.719\times 1000}{1\times 200/5}=17.98(A)$$

（3）过电流保护（Ⅲ段）。

$$I_{set.3}^{\mathrm{III}}=\frac{K_{rel}^{\mathrm{III}}K_{ss}}{K_{re}}I_{L.max}=\frac{1.15\times 1.3}{0.85}\times 90=158.3(A)$$

$$I_{op.3}^{\mathrm{III}}=\frac{I_{set.3}^{\mathrm{III}}}{K_{jx}n_{TA}}=\frac{158.3}{1\times 200/5}=3.96(A)$$

4. 保护5（QF5）的整定

（1）电流速断（Ⅰ段）。

$$I_{set.5}^{\mathrm{I}}=K_{rel}^{\mathrm{I}}I_{K.D}=1.2\times0.521=0.625(\mathrm{kA})$$

$$I_{op.5}^{\mathrm{I}}=\frac{I_{set.5}^{\mathrm{I}}}{K_{jx}n_{TA}}=\frac{625}{1\times200/5}=15.63(\mathrm{A})$$

（2）限时电流速断（Ⅱ段）（按灵敏度整定，$K_{sen}=1.2$）。

$$I_{set.5}^{\mathrm{II}}=\frac{\sqrt{3}}{2}\frac{E_{\phi}}{Z_{s.max}+Z_{AD}}\frac{1}{K_{sen}}=0.866\times\frac{37/\sqrt{3}}{7+0.4\times90}\times\frac{1}{1.2}=358.5(\mathrm{A})$$

$$I_{op.5}^{\mathrm{II}}=\frac{I_{set.5}^{\mathrm{II}}}{K_{jx}n_{TA}}=\frac{358.5}{1\times600/5}=8.96(\mathrm{A})$$

由于保护5电流Ⅱ段靠近负荷侧，整定值偏小。整定灵敏度无法满足要求，有两个办法：或者保护5不装设电流Ⅱ段，只装设Ⅰ段和Ⅲ段。或者将保护5的Ⅱ段取值为介于Ⅲ段和Ⅰ段中间的数值，比如本书取为13.0A。而保护2由于Ⅲ段定值较小为5.28A，所以可取$I_{op.2}^{\mathrm{II}}=8.96\mathrm{A}$。

（3）过电流保护（Ⅲ段）。

$$I_{set.5}^{\mathrm{III}}=\frac{K_{rel}^{\mathrm{III}}K_{ss}}{K_{re}}I_{L.max}=\frac{1.15\times1.3}{0.85}\times180=316.6(\mathrm{A})$$

$$I_{op.5}^{\mathrm{III}}=\frac{I_{set.5}^{\mathrm{III}}}{K_{jx}n_{TA}}=\frac{316.6}{1\times200/5}=7.92(\mathrm{A})$$

同理可得保护6、保护4、保护2的整定值。

5. 整定定值清单列表

整定定值清单列表见表3-2。

表3-2　　整定定值清单列表

保护序号	一段定值（A）	二段定值（A）	三段定值（A）
1	49.3	22.32	7.92
2	15.63	8.96	7.92
3	19.4	17.98	3.96
4	19.4	17.98	3.96
5	15.63	8.96	7.92
6	49.3	22.32	7.92

由于QF1整定值大于QF2，QF2加装方向元件。QF6整定值大于QF5，QF5加装方向元件。QF3和QF4由于整定值相等，故都无需装设方向元件。

6. 整定时间清单列表

整定时间清单列表见表3-3。

表 3-3　　整定时间清单列表

保护序号	一段延时（s）	二段延时（s）	三段延时（s）
1	0	0.5	2
2			1
3			1.5
4			1.5
5			1
6			2

（四）实验内容

1. 电流保护二次系统图（无方向元件）

电流保护二次系统原理图（无方向元件）如图 3-6 所示，保护 1、3、4、6 用定值可以躲故障，所以不加装方向元件。

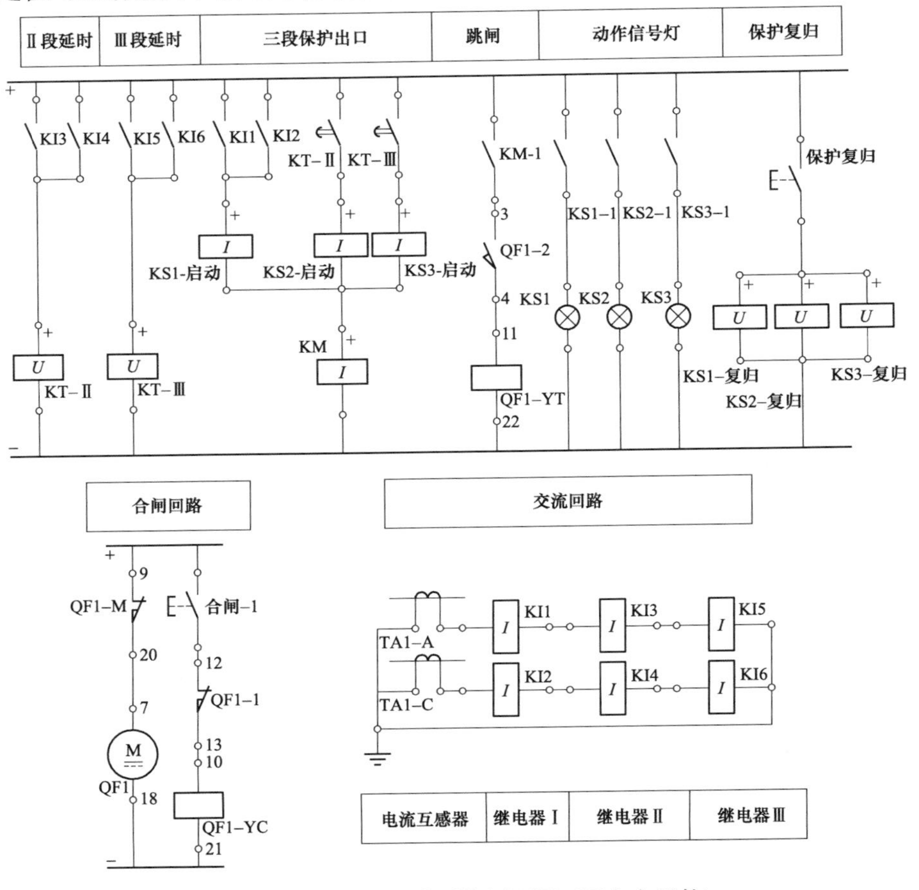

图 3-6　电流保护二次系统原理图（无方向元件）

2. 电流保护的虚拟实验元器件

电流保护二次系统原理图（无方向元件）见表 3-4。

表 3-4　电流保护二次系统元器件（无方向元件）

序号	元件显示	名称	型号	数量
1、2	TA2-A（C）	三相电流互感器	LMZ3D-600/5	2
3～9	KI1～KI7	JY 电流互感器	JY-DL-250V-20A	7
10、11	KT-Ⅱ（Ⅲ）	JY 时间继电器	JY-DS 220V	2
12～14	KS1～KS3	JY 电流启动信号继电器	JY-DX220V-2A	3
15	KM	JY 中间继电器	JY-DS 2A	1
16	QF2	弹簧操作机构直流展开图	CT8-1 DC220V	1
17	合闸	自动复归手动按钮开关	JY-110V/3A	1
18	复归	自动复归手动按钮开关	JY-110V/3A	1
19	直流电源	直流电源（小母线形式）	DC-220V	1

3. 方向性电流保护二次系统图（有方向元件）

方向电流保护二次系统原理图（有方向元件）如图 3-7 所示，保护 2、5 用定值不能躲故障，所以必须加装方向元件。

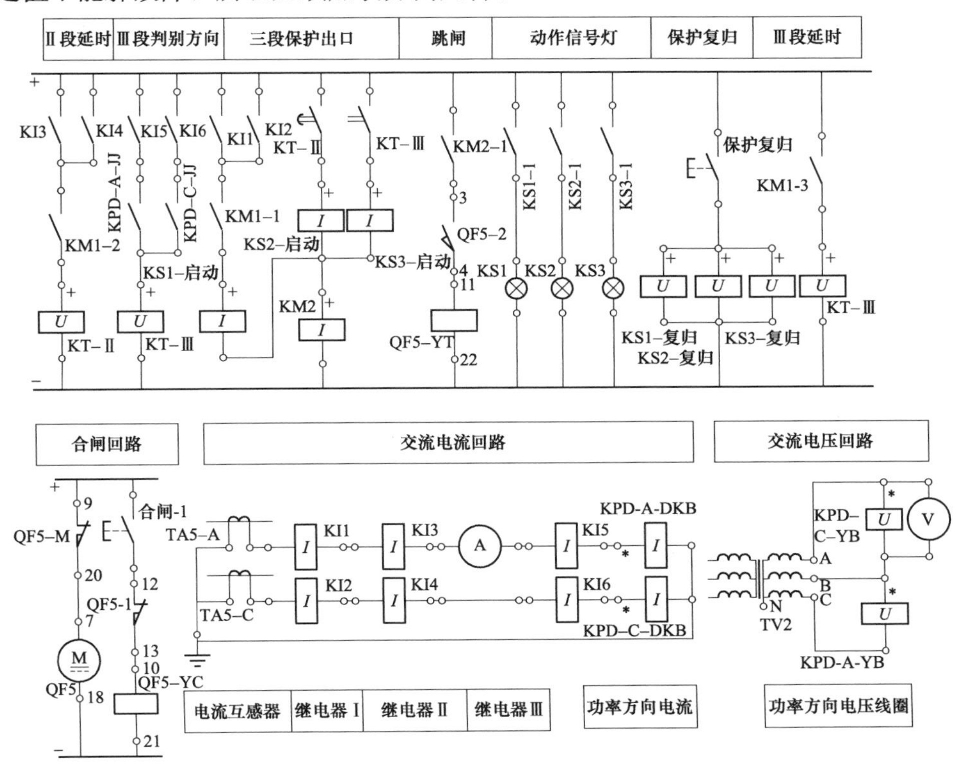

图 3-7　方向电流保护二次系统原理图（有方向元件）

4. 方向性电流保护虚拟实验元器件

方向性电流保护二次系统元器件见表 3-5。

表 3-5　　方向性电流保护二次系统元器件

序号	元件显示	名称	型号	数量
1、2	TA2-A(C)	三相电流互感器	LMZ3D-600/5	2
3～9	KI1～KI7	JY 电流互感器	JY-DL-250V-20A	7
10、11	KT-Ⅱ(Ⅲ)	JY 时间继电器	JY-DS 220V	2
12～14	KS1～KS3	JY 电流启动信号继电器	JY-DX220V-2A	3
15	KM	JY 中间继电器	JY-DS 2A	1
16	QF2	弹簧操动机构直流展开图	CT8-1 DC220V	1
17	合闸	自动复归手动按钮开关	JY-110V/3A	1
18	复归	自动复归手动按钮开关	JY-110V/3A	1
19	直流电源	直流电源（小母线形式）	DC-220V	1

5. 虚拟实验步骤

（1）在继电保护软件中，打开双侧电源电流保护实验，并将其另存为本地资源。或者自己编辑产生一次和二次回路的电路。

（2）设置对应关系。包括一、二次回路间 TA、TV 及操动机构的对应关系。方向电流保护的对应关系如图 3-8 所示。

编号	连接件	部件---接口	对应状态	部件---接口	对应状态	连接件资源l...
01	断路器和操动机构连接件	双侧电源一次回路---QF1-断路器	断路器	保护QF1---QF1-操动机构	操动机构	2
04	断路器和操动机构连接件	双侧电源一次回路---QF2-断路器	断路器	保护QF2---QF2-操动机构	操动机构	2
11	断路器和操动机构连接件	双侧电源一次回路---QF3-断路器	断路器	保护QF3---QF3-操动机构	操动机构	2
12	断路器和操动机构连接件	双侧电源一次回路---QF4-断路器	断路器	保护QF4---QF4-操动机构	操动机构	2
08	断路器和操动机构连接件	双侧电源一次回路---QF5-断路器	断路器	保护QF5---QF5-操动机构	操动机构	2
07	断路器和操动机构连接件	双侧电源一次回路---QF6-断路器	断路器	保护QF6---QF6-操动机构	操动机构	2
02	电流互感器连接件	双侧电源一次回路---TA1-&-电流互感器	一次回路电流互感器	保护QF1---TA1-电流互感器	二次回路电流互感器	1
03	电流互感器连接件	双侧电源一次回路---TA2-&-电流互感器	一次回路电流互感器	保护QF2---TA2-电流互感器	二次回路电流互感器	1
13	电流互感器连接件	双侧电源一次回路---TA3-&-电流互感器	一次回路电流互感器	保护QF3---TA3-电流互感器	二次回路电流互感器	1
14	电流互感器连接件	双侧电源一次回路---TA4-&-电流互感器	一次回路电流互感器	保护QF4---TA4-电流互感器	二次回路电流互感器	1
09	电流互感器连接件	双侧电源一次回路---TA5-&-电流互感器	一次回路电流互感器	保护QF5---TA5-电流互感器	二次回路电流互感器	1
06	电流互感器连接件	双侧电源一次回路---TA6-&-电流互感器	一次回路电流互感器	保护QF6---TA6-电流互感器	二次回路电流互感器	1
05	电压互感器连接件	双侧电源一次回路---TV1-电压互感器	一次回路电压互感器	保护QF2---TV1-电压互感器	二次回路电压互感器	3
10	电压互感器连接件	双侧电源一次回路---TV2-电压互感器	一次回路电压互感器	保护QF5---TV2-电压互感器	二次回路电压互感器	3

图 3-8　方向电流保护的对应关系

（3）计算并设置各保护的动作电流、延时时间整定值；设置功率方向继电器最大灵敏角，并保存。

（4）运行该电路。待储能电动机储能结束后，在“工具”菜单中点选执行设置指令，在弹出的对话框中，选中“双侧电源电流保护合闸 .cm”文件并点击“执行设置指令”按钮。即可一键闭合一次回路中的所有断路器。观察系统是否处于正常运行状态。

（5）设置输电线路故障（正向故障）。右击选中输电线 L2，设置故障（此处以A、B相相间短路、金属性永久性、故障位置距QF3为40km为例）。点击“设置故障”按钮，即可观察保护QF5、QF3相应继电器、指示灯和操动机构的动作情况。实验结束后，修复故障并再次执行设置指令。

类似地，请自定义各段输电线其他类型故障。

实验结束后，修复故障并再次执行设置指令。

（6）设置输电线路故障（反向故障）。右键选中输电线L1，设置故障（此处以A、B相相间短路、金属性永久性、故障位置距QF1为4km为例）。点击“设置故障”按钮，即可观察保护QF1、QF2、QF5相应继电器、指示灯和操动机构的动作情况。

（7）实验结束后，修复故障。通过上述操作，体会并掌握功率方向继电器在含双侧电源电流保护中的重要作用。

（8）实验结束后，即可返回退出。

注意：也可在“工具”菜单中点选单步运行，点击下一步指示箭头观察保护的每一步动作情况。重新设置故障时须关闭“单步”，点击连续菜单。

（五）思考题

（1）方向性电流保护是否存在死区？死区可能在什么位置发生？如何尽可能地消除死区？

（2）简述90°接线原理的三相功率方向保护标准接线要求。

（3）双侧电源的方向电流保护什么情况下可以不装设方向元件？什么情况下必须装设方向元件？

（4）试分析方向性电流保护的二次回路继电器的工作原理。

案例四　三段式距离保护虚拟仿真实验

（一）实验目的

（1）了解距离保护的原理。

（2）熟悉相间距离保护的圆特性。

（3）掌握距离保护的逻辑组态方法。

（4）理解距离保护的二次回路动作原理。

（二）实验原理

1. 距离保护的基本原理

随着电力系统的发展，出现了容量大、电压高或结构复杂的网络，这时简单的电流、电压保护难以满足电网对保护的要求。例如，对于高压长距离重负荷线路，由于负荷电流大，线路末端短路时，短路电流的数值与负荷电流相差不大，故电流保护往往不能满足灵敏度的要求；对于电流速断保护，其保护范围随电网运行方式的变化而改变，保护范围不稳定，某些情况下甚至无保护区，所以如何使继电保护的灵敏度不受（或少受）系统运行方式的影响呢？这就是系统发展对继电保护提出的新要求。阻抗保护就是适应此要求的一种保护。

阻抗保护，又称为距离保护，就是指反映保护安装处至短路故障点的距离，并根据这一距离的远近而确定是否动作的一种保护装置，其基本原理图如图 4-1 所示。

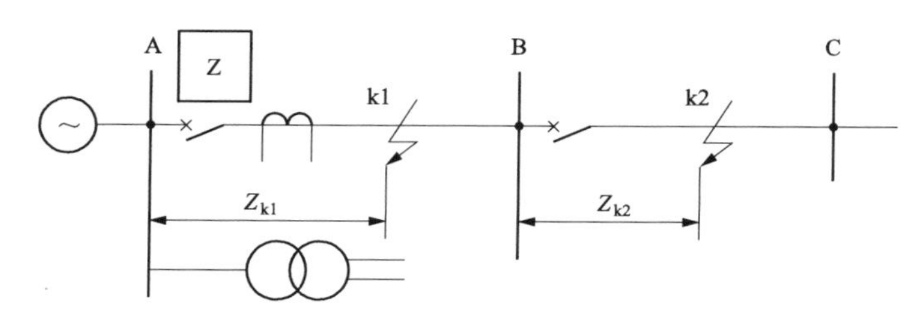

图 4-1　距离保护基本原理说明图

系统正常工作时，保护安装处测量到的电压为 U_m，它接近于额定电压。保护安装处测量到的电流为负荷电流 I_L，则比值 $U_m/I_L=Z_m$，基本上是负荷阻抗 Z_L，其值较大，负荷阻抗角 φ_{k1} 较小（一般为 30°～40°）。当图 4-1 中的 k1 点短路时，保护安装处测量到的电压为 k1 点短路时的残压 $U_{k1}=I_{k1}Z_{k1}$，测量到的电流为 I_{k1}，则比值 $U_{k1}/I_{k1}=Z_{k1}$。而当 k2 点短路时，则有

$$\frac{U_{k2}}{I_{k2}}=\frac{I_{k2}(Z_{AB}+Z_{k2})}{I_{k2}}=Z_{AB}+Z_{k2} \tag{4-1}$$

后两种状态下的阻抗值均较小，而阻抗角为 φ_k 其值较大。显然利用电压和电流的比值，不但能清楚地判断系统的正常工作状态和短路状态，还能反映短路点到保护安装处的电气距离。短路点远，Z_k 大。由于 Z_k 只与短路点到保护安装处的电气距离有关，因此，用 $U_m/I_m=Z_m$ 构成的保护，其保护范围基本上不受运行方式变化的影响。这就克服了电流、电压保护的灵敏度受系统运行方式影响的缺点。

距离保护与电流保护一样，也有一个保护范围，短路发生在这一范围内，保护动作，否则不动作。这个保护范围通常是用给定阻抗值的大小来实现的。这个给定的阻抗称整定阻抗，用 Z_{set} 表示。当线路发生短路时，距离保护测量到的阻抗 Z_m（正常时 $Z_m=Z_L$，短路时 $Z_m=Z_K$）小于整定阻抗，即 $Z_m<Z_{set}$，则保护动作；若 $Z_m>Z_{set}$，保护不动作。因此，距离保护实质上是一种低量动作的保护。

2. 距离保护的接线

（1）反映相间故障的阻抗继电器采用相间距离接线方式。为了使各种相间故障的测量阻抗都与故障点到保护安装处的距离成正比，需要输入阻抗继电器的电压和电流见表 4-1。

表 4-1　相间距离保护的接线形式

相间距离	输入电压	输入电流
A、B 相短路	$\dot{U}_A-\dot{U}_B$	$\dot{I}_A-\dot{I}_B$
B、C 相短路	$\dot{U}_B-\dot{U}_C$	$\dot{I}_B-\dot{I}_C$
C、A 相短路	$\dot{U}_C-\dot{U}_A$	$\dot{I}_C-\dot{I}_A$

（2）反映接地故障的阻抗继电器采用零序电流补偿的接地距离接线方式。

同理，为了使各种接地故障的测量阻抗都与故障点到保护安装处的距离成正比，需要输入阻抗继电器的电压和电流见表 4-2。

表 4-2　接地距离保护的接线形式

接地距离	输入电压	输入电流
A 相接地	$\dot{U}_A$	$\dot{I}_A+K3\dot{I}_0$
B 相接地	$\dot{U}_B$	$\dot{I}_B+K3\dot{I}_0$
C 相接地	$\dot{U}_C$	$\dot{I}_C+K3\dot{I}_0$

其中，K 为零序电流补偿系数，$K=\frac{z_0-z_1}{3z_1}$，可以是复数。

3. 距离保护的时限特性

目前广泛应用的距离保护的动作时限具有阶梯形时限特性，这种动作时限特性与三段式电流保护的时限特性相同，一般也称为三阶梯式，即有与三个动作范围相应的三个动作时限：t_{I}、t_{II}、t_{III}。图 4-2 给出了线路 AB 距离保护的时限特性。

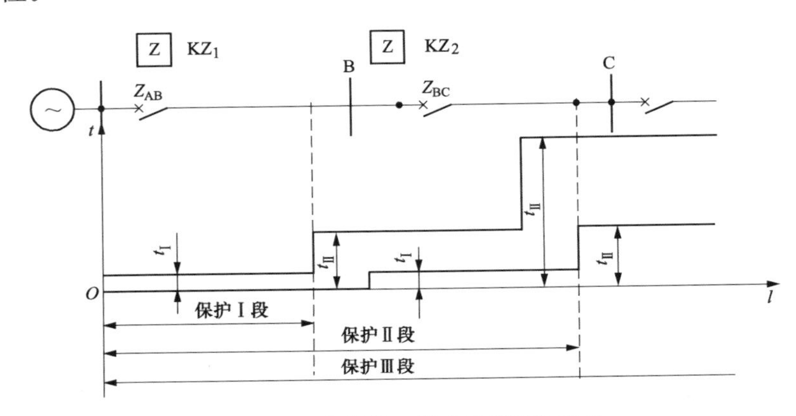

图 4-2　距离保护三段式阶梯时限特性

通常，距离保护的第Ⅰ段的保护范围为本线路全长的 80%～85%，即 $Z_{\mathrm{set.1}}^{\mathrm{I}}=K_{\mathrm{rel}}^{\mathrm{I}}Z_{\mathrm{AB}}=(0.8\sim0.85)Z_{\mathrm{AB}}$，动作时限为 $t_1\approx0\mathrm{s}$，距离保护的第Ⅱ段要与下一线路的第Ⅰ段相配合，即 $Z_{\mathrm{set.1}}^{\mathrm{II}}=(0.8\sim0.85)(Z_{\mathrm{AB}}+Z_{\mathrm{set.2}}^{\mathrm{I}})$，$t_2=0.5\mathrm{s}$，第Ⅱ段的灵敏系数为 $K_{\mathrm{sen}}=\frac{Z_{\mathrm{set.1}}^{\mathrm{II}}}{Z_{\mathrm{AB}}}>1.25$。距离保护的第Ⅲ段为本线路和相邻线路的后备保护，其动作阻抗应躲过正常运行时的最小负荷阻抗，其动作时限 t_3 应大于下一变电站出线保护的最大动作时限一个 $\Delta t(0.5\mathrm{s})$。

4. 阻抗继电器的特点

距离保护能否正确动作，取决于保护能否正确地测量从短路点到保护安装处的阻抗，并使该阻抗与整定阻抗比较，这个任务由阻抗继电器来完成。

单相式阻抗继电器接线原理图如图 4-3 所示。

图 4-3 中，若 k 点三相短路，短路电流为 I_{k}，由 TV 回路和 TA 回路引至比较电路的电压分别为测量电压 U'_{m} 和整定电压 U'_{set}。U'_{m} 计算如下：

$$U'_{\mathrm{m}}=\frac{1}{K_{\mathrm{TV}}K_{\mathrm{TV1}}}I_{\mathrm{K}}Z_{\mathrm{K}}=\frac{1}{K_{\mathrm{TV}}K_{\mathrm{TV1}}}I_{\mathrm{m}}Z_{\mathrm{m}} \tag{4-2}$$

式中　K_{TV}——电压互感器 TV 的变比；

K_{TV1}——电压变换器 TV1 的变比；

Z_K——母线至短路点 k 的短路阻抗。

若认为比较回路的阻抗无穷大时，则

$$U'_{set}=\frac{1}{K_{TA}}I_K Z_1=\frac{1}{K_{TA}}I_m Z_1 \tag{4-3}$$

式中　Z_1——人为给定的模拟阻抗。

比较式（4-1）和（4-2）可见，若假设 $K_{TV}K_{TV1}=K_{TA}$，则短路时，由于线路上流过同一电流 I_k，因此，比较 U'_m 和 U'_{set} 的大小，就等于比较 Z_m 和 Z_1 的大小。如果 $U'_m>U'_{set}$，则表示 $Z_m>Z_1$，保护应不动作；如果 $U'_m<U'_{set}$，则表示 $Z_m<Z_1$，保护应动作。阻抗继电器就是根据这一原理工作的。

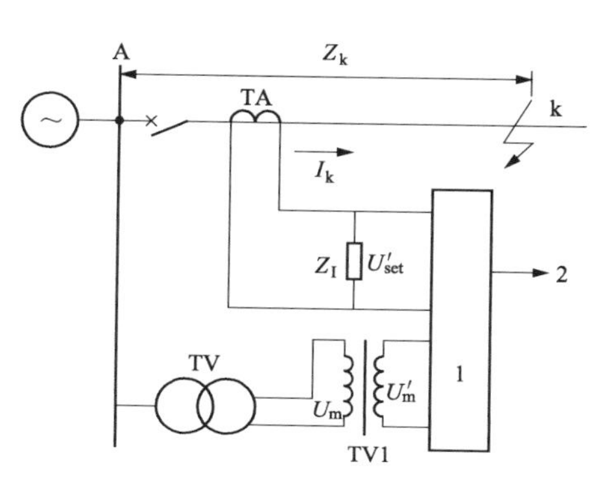

图 4-3　阻抗继电器构成原理说明

1—比较电流；2—输出

为了便于分析输电线路阻抗和阻抗继电器整定阻抗之间的关系，可将二者均画于同一阻抗复数平面上，如图 4-4 所示。现以线路 BC 上的保护 2 为例，线路的始端 B 位于坐标的原点，当不同地点发生短路时，保护 2 的测量阻抗在直线 BC 或 BA 上变化，即正方向短路时测量阻抗在第一象限，反方向短路时，测量阻抗在第三象限。正向测量阻抗与 R 轴的夹角为线路的阻抗角 φ_L。假如保护 2 的整定阻抗 $Z_{set}=0.85Z_{BC}$，并且整定阻抗角 $\varphi_{set}=\varphi_L$，那么，Z_{set}在复数平面上的位置必须在 BC 上。显然，在 Z_{set}范围内发生故障时，保护都可以动作。因此，从原则上讲，阻抗继电器的保护范围是在 Z_{set}范围内的直线上。但是，实际上阻抗继电器的保护范围不能是一条直线，其原因有以下两点：

（1）短路点过渡电阻的影响。当线路上发生非金属性短路时，保护的测量阻抗将由短路阻抗 Z_k 和过渡电阻，主要是电弧电阻 R_{arc}组成，即 $Z_m=Z_k+R_{arc}=(R_k+R_{arc})+jX_k$。由于电弧电阻的存在，虽然短路点在保护范围内，但测量阻抗已不在直线上了。

（2）互感器角误差的影响。由于阻抗继电器必须引入电流和电压。这两个量是经 TV 和 TA 引来的，由于互感器存在角误差 δ，当一次侧测量阻抗角为 φ_k 时，二次侧测量阻抗角将增加互感器的角误差 δ_{TV}、δ_{TA}，即

$$\varphi_m=\varphi_k\pm\delta_{TV}\pm\delta_{TA} \tag{4-4}$$

这一因素的影响，将使阻抗继电器的测量阻抗不能在一条直线上变化。

因此，为了保证阻抗继电器在可能出现的故障情况下，都能正确动作，往往将阻抗继电器的保护范围扩大成一个面或圆的形式。

当继电器的保护范围是圆时，测量阻抗如位于圆内，则继电器动作。故圆内为动作区，圆外为不动作区。当测量阻抗刚好位于圆周上时，继电器将处于临界动作状态，此时的测量阻抗称为临界动作阻抗，简称动作阻抗，以 Z_{op} 表示。阻抗继电器的特性如图 4-4 所示。

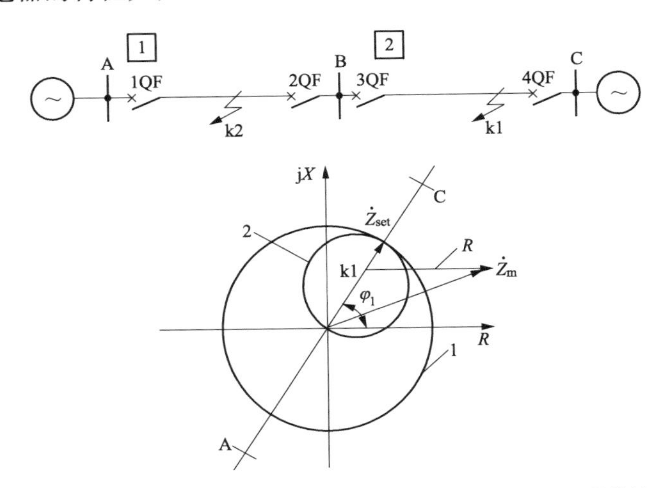

图 4-4　阻抗继电器的特性图（图中：2-方向阻抗继电器特性）

在图 4-4 中，若以 Z_{set} 为半径，坐标圆点 B 为圆心，则得到圆 1。在此情况下，不论短路发生在正方向（BC 线路）还是反方向（BA 线路），只要测量阻抗位于圆内，继电器都能动作，这种继电器称为全阻抗继电器，与之对应的圆称为全阻抗继电器特性圆。以整定阻抗 Z_{set} 为直径作圆时，这样它的圆周通过 B 点，它的范围只能从变电站 B 点伸向变电站 C 点，如图 4-4 中圆 2。反方向短路时，保护就不动作。由圆 2 所示的特性称方向阻抗继电器特性。方向阻抗继电器的保护范围跟阻抗继电器的整定阻抗角 φ_{set} 很有关系，若 φ_{set} 与线路阻抗角 φ_1 相等，即 $\varphi_{set}=\varphi_1$，则继电器的动作阻最大（等于圆的直径）也即保护范围最长，继电器最灵敏。此时的整定阻抗角称为阻抗继电器的最大灵敏角，用 φ_{sen} 表示。

由图 4-5 所示的方向阻抗继电器特性圆可见：

1）当线路上发生带过渡电阻较大的短路时，测量阻抗有可能落在圆外，而不动作。如图中 k1 点带过渡电阻短路，测量阻抗落在圆外，继电器不会动作。若过渡电阻较小时，继电器会动作。

2）在正常带负荷的状态下，由于负荷的功率因素角 $\varphi_L=30°\sim40°$（$\cos\varphi=0.8\sim0.9$），负荷阻抗 Z_L 反映在特性圆上如直线 2 所示。显然，当负荷较大时，$Z_L=\dfrac{U_L}{I_L}$ 可能落入圆内如 C 点，引起阻抗保护误动作。A 为临界误动作。

由以上分析可见，为了提高耐过渡电阻的能力，以及提高躲负荷的能力，方向阻抗继电器的特性在如图 4-5 所示的情况下较为理想。图中 A 可以沿 R 移动，C 点可沿 x 轴移动，以改变保护动作区域范围。

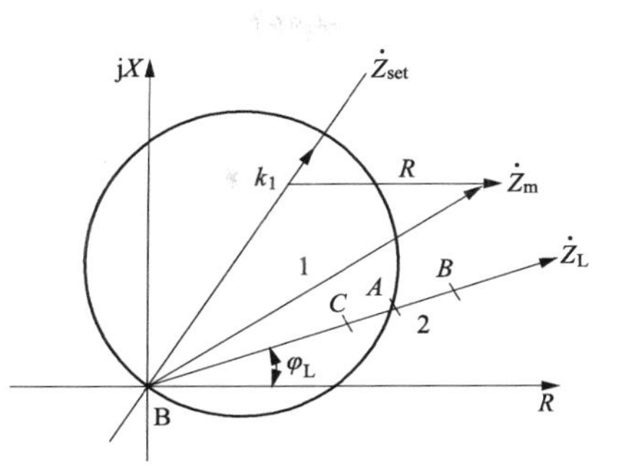

图 4-5　圆特性阻抗元件的分析

(三) 整定计算

网络参数如图 4-6 所示，各线路首端均装设了三段式距离保护，线路 AB 的最大负荷电流为 $I_{\mathrm{L.max}}=350\mathrm{A}$、功率因数 $\cos\varphi=0.9$，各线路 $x_0=0.4\Omega/\mathrm{km}$，阻抗角 $\varphi_{\mathrm{L}}=70°$，电动机的自启动系数 K_{ss} 均为 1.5，正常时母线最低工作电压取 $U_{\mathrm{L.min}}=0.9U_{\mathrm{N}}(U_{\mathrm{N}}=110\mathrm{kV})$。

计算保护 QF1 整定值、动作时间及灵敏度。搭建二次回路，并检验正确性。

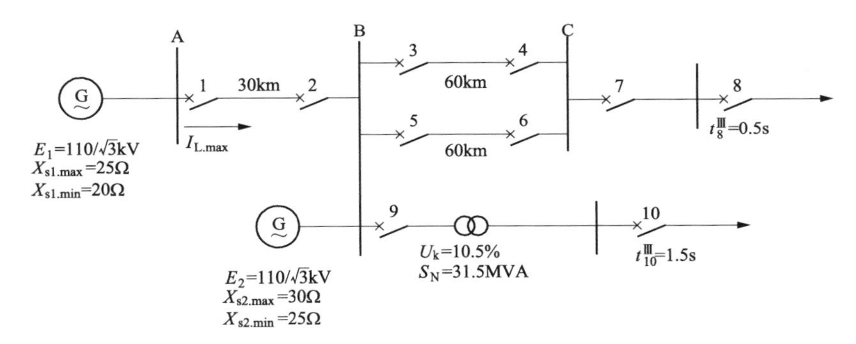

图 4-6　三段式距离保护一次系统原理图

1. 保护 1 的距离保护整定

(1) 距离Ⅰ段。

$$Z_{\mathrm{set.1}}^{\mathrm{I}}=K_{\mathrm{rel}}^{\mathrm{I}}Z_{1\text{-}2}=K_{\mathrm{rel}}^{\mathrm{I}}x_0L_{\mathrm{AB}}=0.85\times0.4\times30=10.2\Omega$$

(2) 距离Ⅱ段。

1) 与相邻线路配合：

$$Z_{\mathrm{set.1}}^{\mathrm{II}}=K_{\mathrm{rel}}^{\mathrm{II}}(Z_{\mathrm{AB}}+K_{\mathrm{b.min}}Z_{\mathrm{set.3}}^{\mathrm{I}})$$

$$Z_{\mathrm{set.3}}^{\mathrm{I}}=K_{\mathrm{rel}}^{\mathrm{I}}Z_{\mathrm{BC}}=0.85\times4\times60=20.4(\Omega)$$

$$K_{\mathrm{b}}=\frac{I_2}{I_1}=\frac{X_{\mathrm{s1}}+X_{1\text{-}2}+X_{\mathrm{s2}}}{X_{\mathrm{s2}}}\times\frac{(1+0.15)X_{3\text{-}4}}{2X_{3\text{-}4}}=\left(\frac{X_{\mathrm{s1}}+X_{1\text{-}2}}{X_{\mathrm{s2}}}+1\right)\times\frac{1.15}{2}$$

$$K_{\mathrm{b.min}}=\left(\frac{20+12}{30}+1\right)\times\frac{1.15}{2}=1.19$$

$$Z_{\mathrm{set.1}}^{\mathrm{II}}=K_{\mathrm{rel}}^{\mathrm{II}}(Z_{\mathrm{AB}}+K_{\mathrm{b.min}}Z_{\mathrm{set.3}}^{\mathrm{I}})=0.8\times(12+1.19\times20.4)=29(\Omega)$$

2) 躲过相邻变压器低压侧出口 K_2 点短路整定：

$$Z_{set.1}^{II}=K_{rel}^{II}(Z_{AB}+K_{b.min}Z_{t})$$

$$K_{b.min}=\frac{X_{s1.min}+X_{1\text{-}2}}{X_{s2.max}}+1=\frac{20+12}{30}+1=2.07$$

$$Z_{set.1}^{II}=K_{rel}^{II}(Z_{AB}+K_{b.min}Z_{t})=0.7\times(12+2.07\times44.1)=72.3\Omega$$

取A、B两种情况的最小者作为Ⅱ段整定值，即 $Z_{set.1}^{II}=29\Omega$

灵敏度：$K_{sen}=\frac{Z_{set.1}^{II}}{Z_{1\text{-}2}}=\frac{29}{12}=2.47>1.25$。满足要求。

动作延时：$t_1^{II}=t_3^{I}+\Delta t=0.5s$

(3) 距离Ⅲ段。

按躲开最小负荷阻抗整定：

$$Z_{L.min}=\frac{U_{L.min}}{I_{AB.max}}=\frac{0.9\times110}{\sqrt{3}\times0.35}=163.5\Omega$$

继电器取为相间接线方式的方向阻抗继电器：

$$\varphi_{L}=\arccos(0.9)=25.8°$$

$$Z_{set.1}^{III}=\frac{K_{rel}^{III}Z_{L.min}}{K_{ss}K_{re}\cos(\varphi_{set}-\varphi_{L})}=\frac{0.8\times163.5}{1.15\times1.5\times0.717}=110.2\Omega$$

保护1的灵敏度计算：

1) 本线路末端灵敏度：

$$K_{sen}=\frac{Z_{set.1}^{III}}{Z_{1\text{-}2}}=\frac{110.2}{12}=9.18>1.5\text{，满足要求。}$$

2) 相邻元件末端灵敏度：

$$K_{sen}=\frac{Z_{set.1}^{III}}{Z_{1\text{-}2}+K_{b.max}Z_{next}}\geqslant1.2$$

$$K_{b.max}=\frac{I_2}{I_1}=\frac{X_{s1.max}+X_{1\text{-}2}}{X_{s2.min}}+1=\frac{25+12}{25}+1=2.48$$

$$K_{sen}=\frac{Z_{set.1}^{III}}{Z_{1\text{-}2}+K_{b.max}Z_{next}}=\frac{110.2}{12+2.48\times24}=1.54>1.2\text{，满足要求。}$$

3) 相邻变压器低压侧出口的灵敏度：

$$K_{b.max}=\frac{I_3}{I_1}=\frac{X_{s1.max}+X_{1\text{-}2}}{X_{s2.min}}+1=\frac{25+12}{25}+1=2.48$$

$$K_{sen}=\frac{Z_{set.1}^{III}}{Z_{1\text{-}2}+K_{b.max}Z_{t}}=\frac{110.2}{12+2.48\times44.1}=0.9<1.2,$$

灵敏度不满足要求，变压器需要增加近后备。

动作延时：$t_1^{III}=t_8^{III}+3\Delta t$ 或 $t_1^{III}=t_{10}^{III}+2\Delta t$

其中较长者：$t_1^{III}=t_{10}^{III}+2\Delta t=1.5+2\times0.5=2.5s$

2. 整定定值清单

距离保护1的定值清单见表4-3。

表 4-3　　距离保护 1 的定值清单

保护		1
整定阻抗（Ω）	Ⅰ段	10.2
	Ⅱ段	29
	Ⅲ段	110.2
动作时限（s）	Ⅰ段	0
	Ⅱ段	0.5
	Ⅲ段	2.5
灵敏度	Ⅰ段	0.85
	Ⅱ段	2.47
	Ⅲ段近后备	9.18
	Ⅲ段远后备（相邻线路）	1.54
	Ⅲ段远后备（变压器）	0.9

（四）实验内容

1. 一次回路接线图

距离保护一次回路接线图如图 4-7 所示。

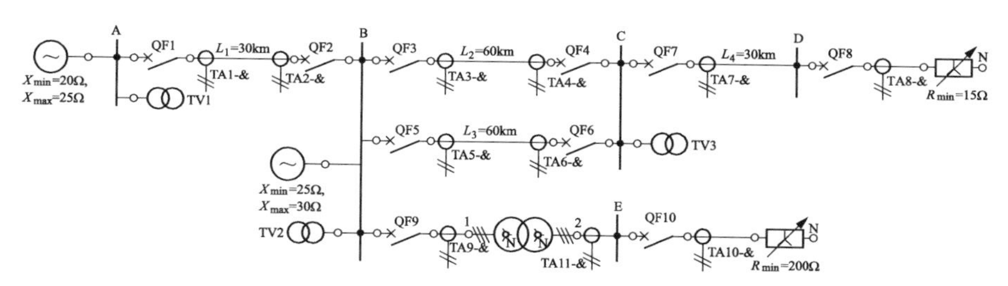

图 4-7　距离保护一次回路接线图

2. 一次回路虚拟元器件

距离保护的一次系统虚拟元器件见表 4-4。

表 4-4　　距离保护的一次系统虚拟元器件

序号	元件显示	名称	型号	数量
1、2	110kV	三相交流电源	JY-1	2
3～6	A-D	三相母线	LMY-25-3	4
7～16	QF1-QF10	高压断路器	SW2-110/1600-31.5	10
17～27	TA1-TA11	三相电流互感器一次侧	3×1	11
28、29	R_1/R_2＝200	三相对称负载一次回路	JY-50Hz	2
30～32	TV1～TV3	三相电压互感器（Yy）	JY-1	3
33～36	L1-L4	输电线路	—	3

3. 二次回路接线图

二次回路-保护 1、3、5、7 实验接线图如图 4-8 所示，包含了距离Ⅰ段、Ⅱ段和Ⅲ段；二次回路-保护 2、4、6 实验接线图如图 4-9 所示，只包含了距离Ⅰ段和Ⅲ段。

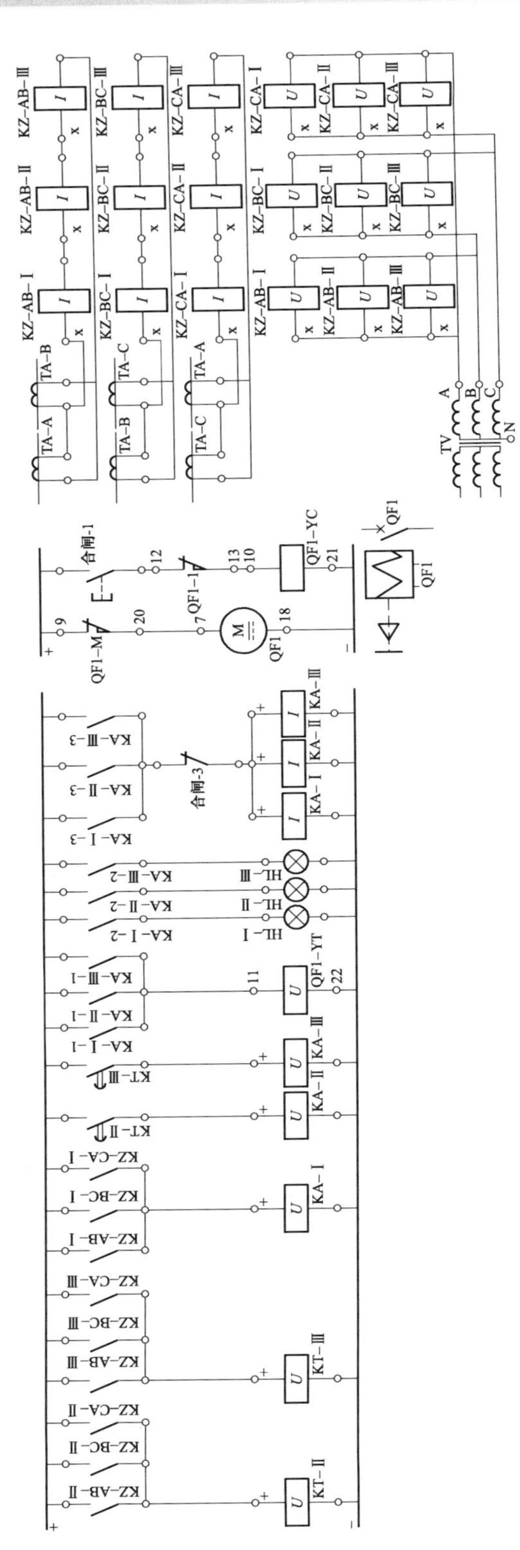

图 4-8　二次回路-保护 1、3、5、7 实验接线图

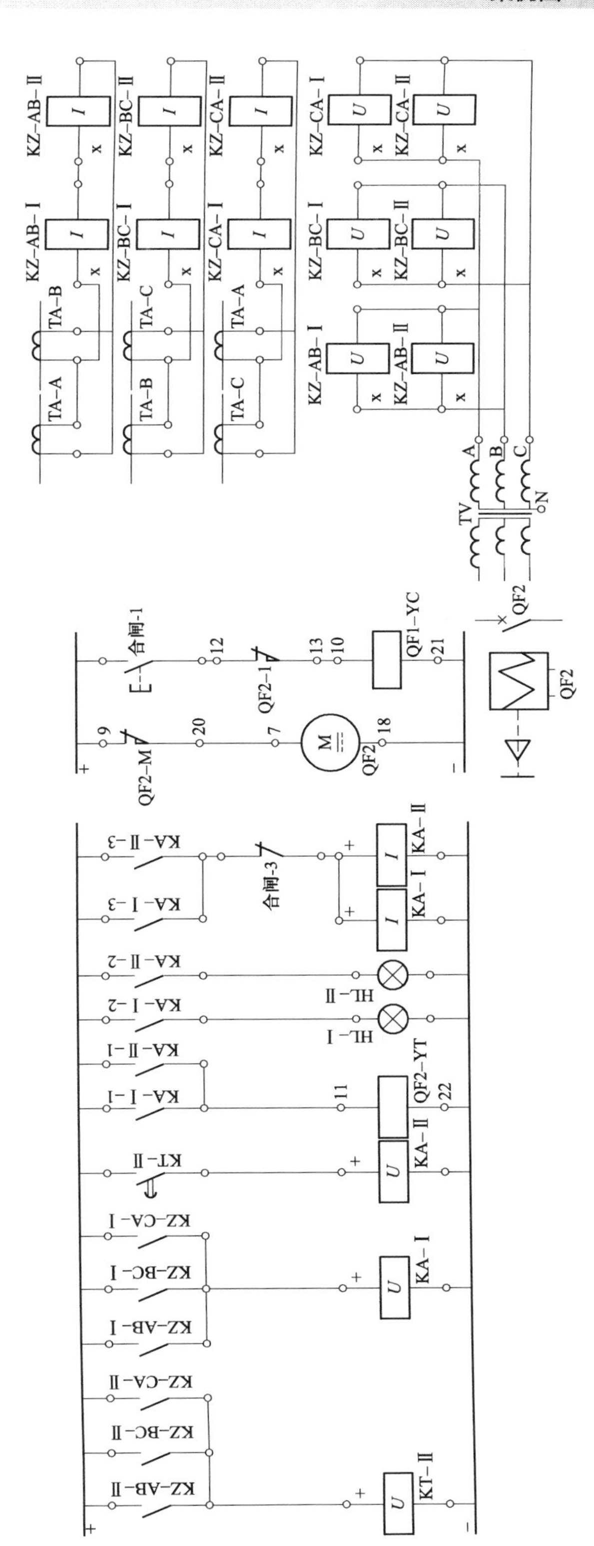

图 4-9 二次回路-保护 2、4、6 实验接线图

4. 二次回路虚拟元器件

距离保护的二次系统元器件见表 4-5。

表 4-5　　距离保护的二次系统元器件

序号	元件显示	名称	型号	数量
1～11	TA1～TA11	三相电流互感器	LMZ3D～600/5	11
12～20	KZ1～KZ9	阻抗继电器	JY-方向圆（相间）阻抗继电器	9
21～23	KT1～KT3	JY 时间继电器	JY～DS 220V	3
24～26	HL1～HL3	交流指示灯	E-220	3
27	KM	JY 中间继电器	JY-DS 2A	1
28	QF1	弹簧操动机构直流展开图	CT8-1 DC220V	1
29	合闸	自动复归手动按钮开关	JY-110V/3A	1
30	复归	自动复归手动按钮开关	JY-110V/3A	1
31	直流电源	直流电源（小母线形式）	DC-220V	1

5. 虚拟实验步骤

（1）在继电保护软件中，打开距离保护工程，并将其另存为本地资源。

（2）选择资源制作，找到刚才保存的距离保护工程。

（3）设置对应关系。包括一、二次回路间 TA、TV 和操动机构（断路器 QF）的对应关系。

距离保护的对应关系如图 4-10 所示。

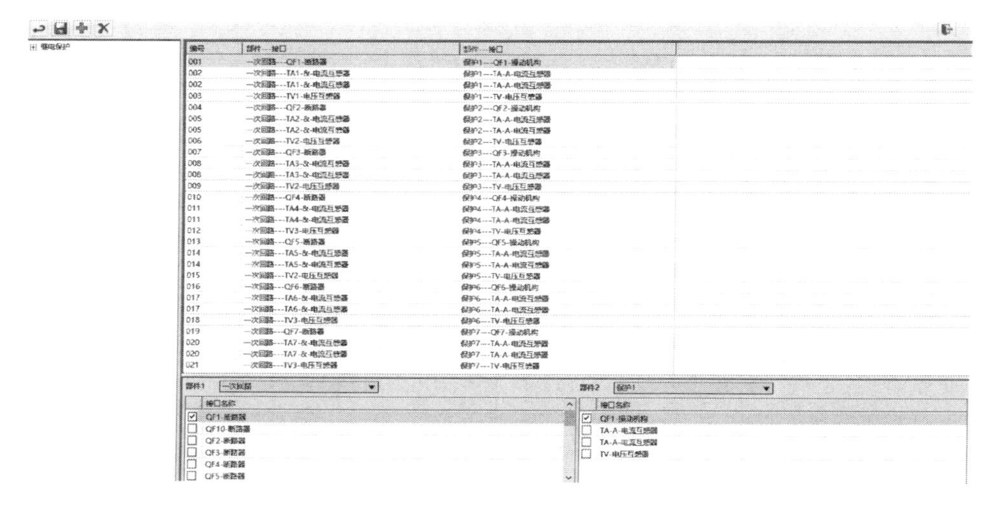

图 4-10　距离保护的对应关系

（4）计算并设置各保护的动作阻抗、延时时间整定值。

（5）运行该电路。待储能电动机储能结束后，在“工具”菜单中点选“执行设置指令”。在弹出的对话框中，选中“合闸 .cm”文件并点击“执行指令设置”按钮，即可一键闭合一次回路中的所有断路器，观察系统是否处于正常运行状态。

(6) 设置输电线路故障。右键选中输电线 L3，设置故障（此处以 A、B 相相间短路、金属性永久性、故障位置距 QF5＝36km 为例）。点击“设置故障”按钮，即可观察保护 5、6 的相应继电器、指示灯和操动机构的动作情况。

(7) 保护配合验证。

1) 在步骤 5 的基础上，再次执行“合闸 .cm”文件。

2) 在一次回路中，右键选中，设置故障。在弹出的对话框中。勾选“拒动”并点击“设置故障”按钮。然后重复步骤 5，观察一次回路保护动作情况。

3) 类似地，请自定义输电线路、元器件其他类型故障，观察保护动作情况。

(8) 在“工具”菜单中点选“阻抗继电器动作区域、单步运行”，也可观察阻抗圆及保护的每一步动作情况（详细功能见软件使用手册）。

(9) 通过上述实验操作，加深对距离保护工作原理的理解。

(10) 实验结束后，即可返回退出。

(五) 思考题

(1) 距离保护与电流保护相比有何优点？

(2) 方向阻抗继电器为什么存在死区，如何消除？距离保护有死区吗，为什么？其特性曲线有何不同，哪一个更具科学性？

(3) 简述三段式距离保护的整定原则。

(4) 简述三段式距离保护的二次回路动作的基本原理。

案例五　电磁型三相一次重合闸虚拟仿真实验

（一）实验目的

（1）熟悉电磁型三相一次自动重合闸装置的组成及原理接线图。

（2）观察重合闸装置在各种情况下的工作情况。

（3）了解自动重合闸与继电保护之间如何配合工作。

（二）基本原理

1. DCH-1 重合闸继电器构成部件及作用

运行经验表明，在电力系统中，输电线路是发生故障最多的元件，并且它的故障大都属于暂时性的，这些故障当被继电保护迅速断电后，故障点绝缘可恢复，故障可自行消除。若重合闸将断路器重新合上电源，往往能很快恢复供电，因此自动重合闸在输电线路中得到极其广泛的应用。

在我国电力系统中，由电阻电容放电原理组成的重合闸继电器所构成的三相一次重合闸装置应用十分普遍。图 5-1 为 DCH-1 重合闸继电器的内部接线图。

继电器内各元件的作用如下：

（1）时间元件 KT 用来整定重合闸装置的动作时间。

（2）中间继电器 KAM 装置的出口元件，用于发出接通断路器合闸回路的脉冲，继电器有两个线圈，电压线圈（用字母 U 表示）靠电容放电时启动，电流线圈（用字母 I 表示）与断路器合闸回路串联，起自保持作用，直到断路器合闸完毕，继电器才失磁复归。

（3）其他用于保证重合闸装置只动作一次的电容器 C。

用于限制电容器 C 的充电速度，防止一次重合闸不成功时而发生多次重合的充电电阻器 4R。

在不需要重合闸时（如手动断开断路器），电容器 C 可通过放电电阻 6R 放电。

用于保证时间元件 KT 的热稳定电阻 5R。

用于监视中间元件 KAM 和控制开关的触点是否良好的信号灯 HL。

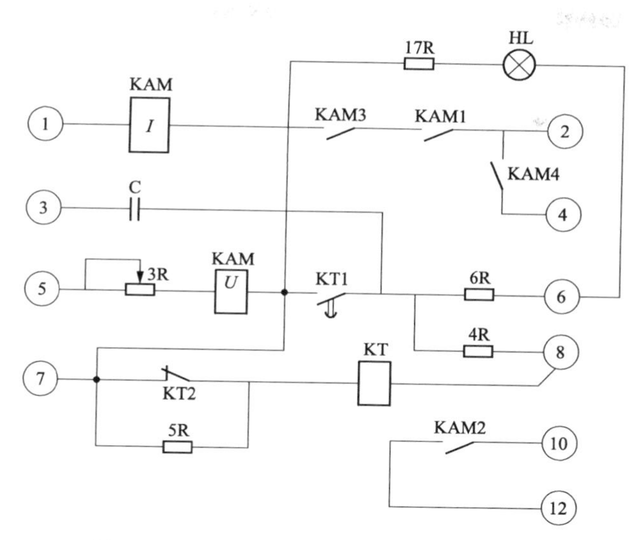

图 5-1 DCH-1 型重合闸继电器内部接线图

用于限制信号灯 HL 上电压的电阻 17R。

继电器内与 KAM 电压线圈串联的附加电阻 3R（电位器），用于调整充电时间。

由于重合闸装置的使用类型不一样，故其动作原理也各有不同。如单侧电源和两侧电源重合闸，在两侧电源重合闸中又可分同步检定、检查线路或母线电压的重合闸等。

2. 重合闸的动作原理

现以图 5-2 为例说明重合闸的工作过程及原理，图中触点的位置相当于输电线路正常工作情况，断路器在合闸位置，辅助触点 QF1 断开，QF2 闭合。DCH-1 中的电容 C 经按钮触点 SB1（EF）和电阻 4R 已充电，整个装置准备动作，装置动作原理分几个方面加以说明。

（1）断路器由保护动作或其他原因（触点 1KAM 闭合）而跳闸，此时断路器辅助触点 QF1 返回，中间继电器 9KAM 启动（利用 10R 限制电流，以防止断路器合闸线圈 KC(L）同时启动）其触点闭合后，启动重合闸装置的时间元件 KT 经过延时后触点 KT1 闭合，电容器 C 通过 KT1 对 KAM(V）放电。KAM 启动后接通了断路器合闸回路（由＋→SB(EF)→②→KAM1→KAM(I)→①→KS→XB→11KAM2→KC(L)→QF1→－）KC(L)通电后，实现一次重合闸，与此同时，信号继电器 KS 发出信号，由于 KAM(I）的作用，使触点 KAM1、KAM2 能自保持到断路器完成合闸，其触点 QF1 断开为止。如果线路上发生的是暂时性故障，则合闸成功后，电容器自动充电，装置重新处于准备动作的状态。

（2）如果线路上存在有永久性故障，此时重合闸不成功，断路器第二次跳闸，9KAM 与 KT 仍同前而启动，但是由于这一段时间是远远小于电容器充电到使 KAM(V) 启动所必需的时间（15～25s）因而保证了装置只动作一次。

（3）重合闸装置中间元件的触点 KAM1 发生卡住或者熔接，为了防止在这种情况下断路器多次合闸到永久性故障的线路上去，用中间继电器 11KAM，因为断路器合闸于永久性故障时，触点 1KAM 再次闭合跳闸回路(由＋→1KAM→11KAM(I)→QF2→KT(R)→－)11KAM(I)启动，如果 KAM1 已熔接或卡住，则中间继电器通过 11KAM(V) 自保持，并通过 11KAM3 发出信号，其动断触点 11KAM2 断开了合闸线圈回路，从而防止了断路器多次合闸。

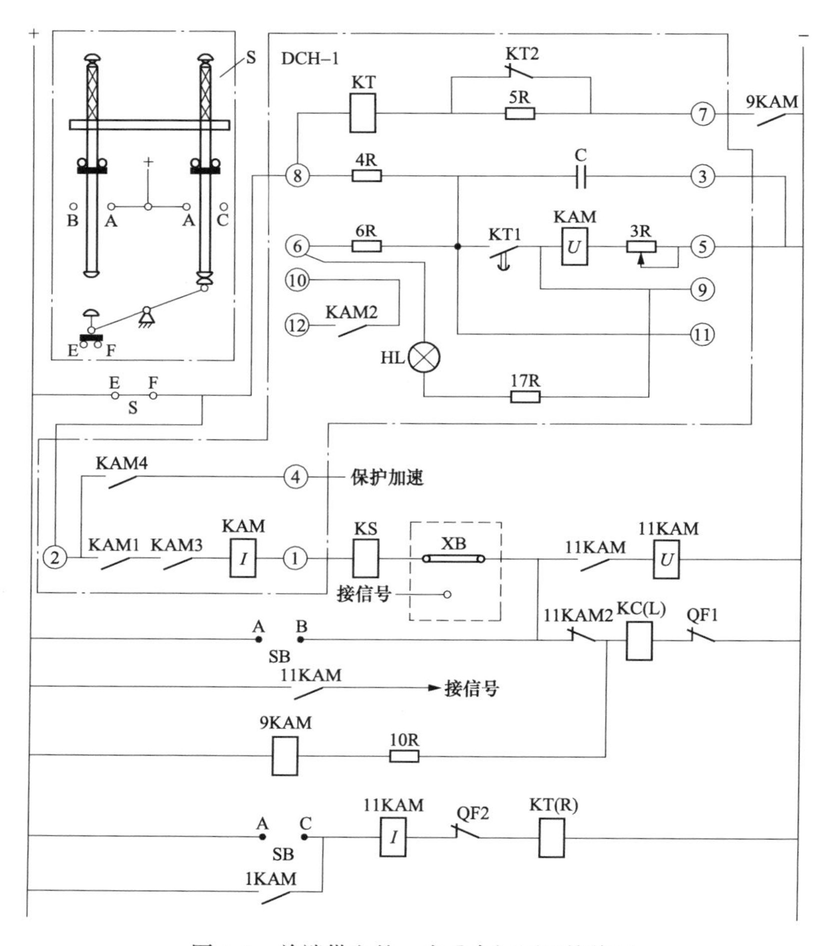

图 5-2　单端供电的一次重合闸原理接线图

（4）手动跳闸。当按下 SB(AC)，断路器跳闸。由于 SB(EF) 已断开，切断了装置的起动回路，避免了断路器发生合闸。

(5) 手动合闸。（在投入前应先将装置中电容器 C 放电完毕）当按下 SB，接通电容器 C 的充电回路(由＋→SB(EF)→⑧→4R→③→－)此时如果在输电线路上存在有永久性故障，则断路器很快又被切除，因为电容器来不及充电到使 KAM(V) 起动所必需的电压，从而避免了断路器发生合闸。当用于双端供电的一次重合闸装置时，应该在回路中串入检查同期及检查无压继电器的接点。

3. 自动重合闸之前加速保护动作

自动重合闸前加速保护动作简称为“前加速”。其意义可用图 5-3 所示的重合闸前加速保护动作的原理图来解释，图中每一条线路上均装有过流保护，当其动作时限按阶梯形选择时，断路器 1QF 处的继电保护时限最长。为了加速切除故障，在 1QF 处可采用自动重合闸前加速保护动作方式。即在 1QF 处不仅有过流保护，还装设有能保护到 L3 的电流速断保护 I 和自动重合闸装置 ARV。这时不论是在线路 L1、L2 或 L3 上发生故障，1QF 处的电流速断保护都无延时地断开断路器 1QF，然后自动重合闸装置将断路器重合一次。如果是暂时性故障，则重合成功，恢复正常供电。如果是永久性故障，则在 1QF 重合之后，过流保护将按时限有选择性地将相应的断路器跳开。即当 K3 点故障时，由 3QF 的保护跳开 3QF；若 3QF 保护拒动，则由 2QF 保护跳开断路器 2QF。“前加速”方式主要用于 35kV 级以下的网络。

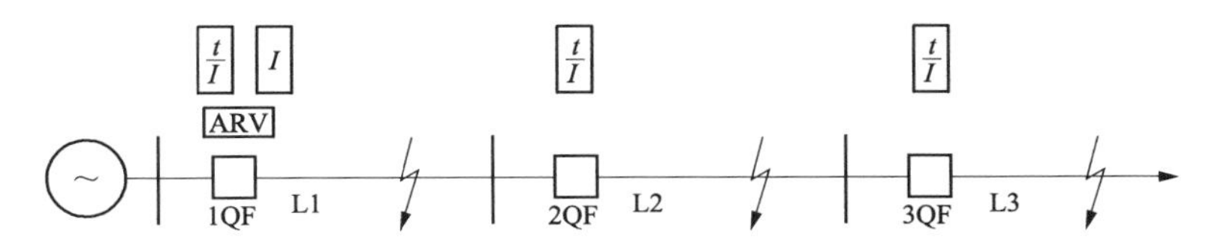

图 5-3　重合闸前加速保护动作的原理图

4. 自动重合闸后加速保护动作

重合闸后加速保护动作简称为“后加速”，采用这种方式时，即第一次故障时，保护按有选择性的方式动作跳闸；如果重合于永久故障，则加速保护动作，瞬时切除故障。

采用“后加速”方式时，必须在每条线路上都设有选择性的保护和自动重合闸装置，原理如图 5-4 所示。当任一线路上发生故障时，首先由故障线的选择性保护动作将故障切除，然后由故障线路的 ARV 进行重合，同时将选择性保护的延时部分退出工作。如果是暂时性故障，则重合成功，恢复正常供电。如果是永久性故障，故障线的保护便瞬时将故障再次切除。

在 35kV 以上的高压网络中，由于通常都装有性能较好的保护（如距离保护

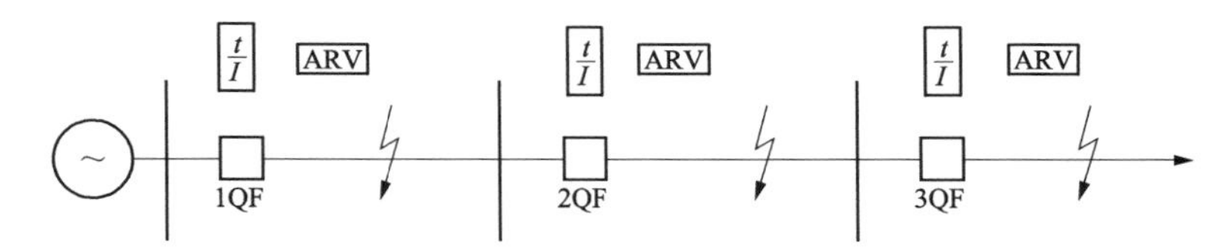

图 5-4　重合闸后加速保护动作的原理说明图

等)，所以第一次有选择性动作的时限不会很长（瞬动或延时 0.5s)，故“后加速”方式在这种网络中广泛采用。

5. 断路器防止“跳跃”的基本概念

当断路器合闸后，如果由于某种原因造成控制开关 K2 的触点或自动装置的触点 5KM2 未复归，此时如发生短路故障，继电保护动作使断路器跳闸，则会出现多次的“跳—合”现象，此现象称为“跳跃”，所谓防跳就是采取措施防止断路器出现多次跳合现象的发生。

防止跳跃采取的措施是增加一个防跳中间继电器 KM2，它有两个线圈，一个电流启动线圈串于跳闸回路中，另一个是电压自保持线圈，经过自身的动合触点并联于合闸接触器中，此外在合闸回路上还串接了一个 KM2 的常闭触点。

当利用手动合闸开关 SAV2 或自动装置 5KM2 进行合闸时，如合闸于短路故障上，继电保护动作，使断路器跳闸，此时，跳闸电流流过 KM2 的电流启动线圈，使 KM2 动作，其常闭接点断开合闸回路，动合接点接通 3KM 的电压线圈。若由于某种原因使 SAV2 或 5KM1 不能断开，合闸脉冲不能解除，则 KM2 电压线圈通过 SAV2 或 5KM2 实现自保持，长期断开合闸回路 KM2 断开，使断路器不能再次合闸。只有当合闸脉冲解除 KM2 电压自保持线圈断电后，才能恢复正常状态。

（三）实验内容

1. 自动重合闸的一次回路

三相一次重合闸虚拟实验一次回路如图 5-5 所示。

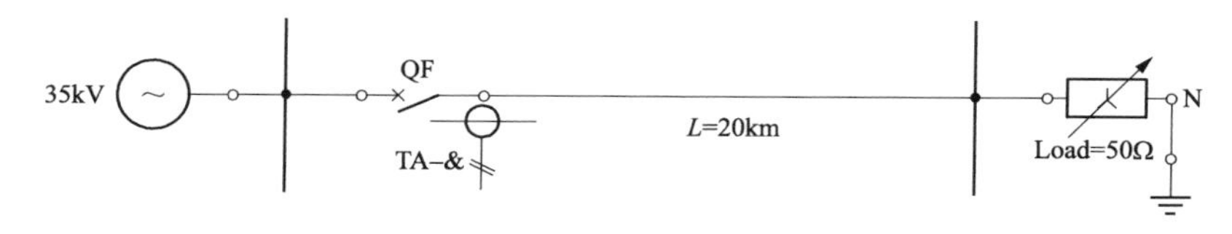

图 5-5　三相一次重合闸虚拟实验一次回路图

自动重合闸的一次回路虚拟元件见表 5-1；自动重合闸的二次回路虚拟元件见表 5-2。

表 5-1　　自动重合闸的一次回路虚拟元件

序号	显示	名称	规格	数量
1	35kV	三相交流电源（无中性点）	35kV-5Ω	1
2、3	A、B	三相母线	LMY-25-3	2
4	QF	高压断路器	SW2-110/1600-31.5	1
5	TA	三相电流互感器（大图符）	—	1
6	Load	三相对称负荷（一次回路）	JY-50Hz(50Ω)	1

表 5-2　　自动重合闸的二次回路虚拟元件（重合闸装置）

序号	显示	名称	规格	数量
1	KT	JY 时间继电器 （DC/110、一延时）	JY-DS 220V	1
2	KAM	JY 中间继电器 （DC/310、带保持）	JY-DZB-217/220V	1
3	C1	可调电容	JY-10-200（50μF）	1
4	5R	RM065 系列电阻器	MFR12S-2000	1
	7R		MFR016-600	1
5	10R	可变电阻器 3296	3296-102-10K	1
	4R		3296-102-1000K	1
6	3R	电位器	BX7D-11	1
7	HL	交流指示灯	E-220V	1
8	U-C	电压表	JY-1	1
9	ST1	八排接线端子	ST-6/8	1
10	ST2	双排接线端子	ST-6/2	1

2. 自动重合闸的二次回路

自动重合闸二次回路如图 5-6（a）和（b）所示，二次回路虚拟元件（重合闸装置以外部分）见表 5-3。

3. 虚拟实验步骤

（1）分别进入一次、二次编辑器，按照元器件清单和实验接线图。完成一次、二次实验回路的绘制，并设置一、二次回路之间电流互感器、电压互感器及操动机构的对应关系。自动重合闸的对应关系如图 5-7 所示。

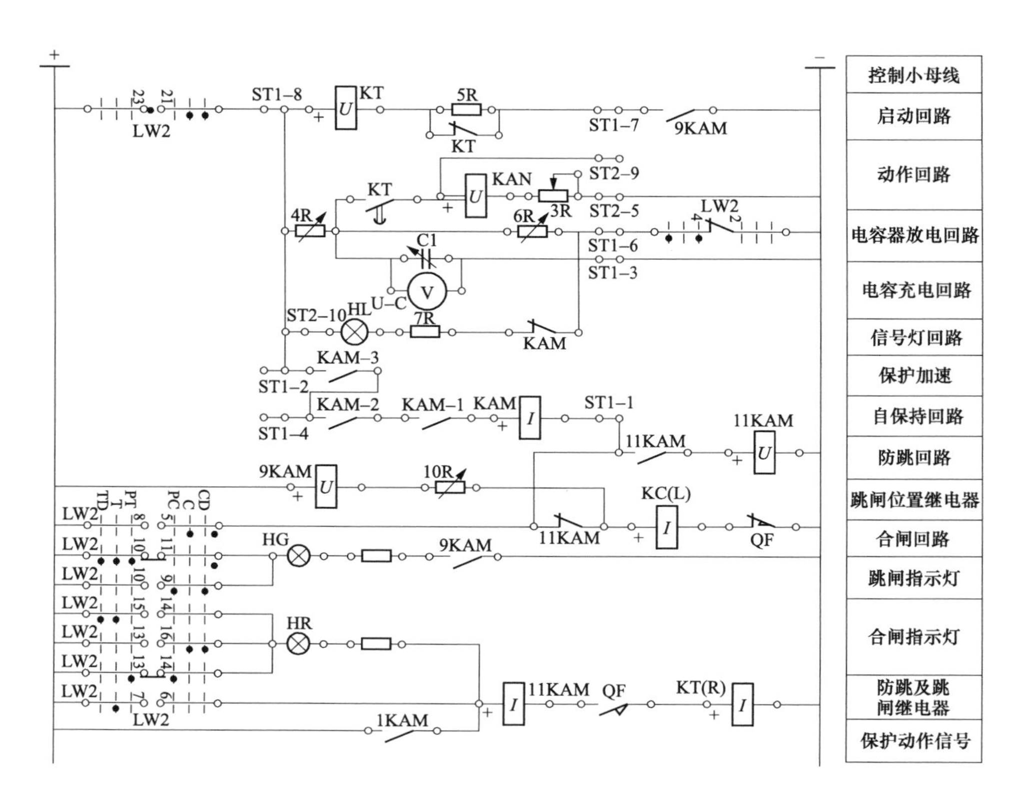

(a) 自动重合闸二次回路的内部接线

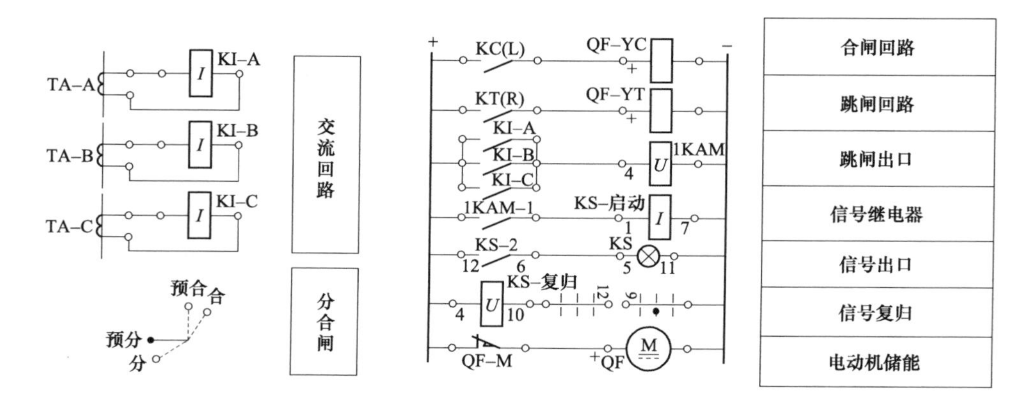

(b) 自动重合闸二次回路的外部接线

图 5-6　自动重合闸二次回路

表 5-3　　　　　　　　二次回路虚拟元件（重合闸装置以外部分）

序号	显示	名称	规格	数量
1	LW2	六档转换开关	LW2-Z JY-250V/5A	1
2	11KAM	中间继电器（DC/312、带保持）	DZB15E/312/220/2A	1
3	1KAM，9KAM	中间继电器（DC/310、无保持）	JY-DZ 220V	2
4	KC(L) KT(R)	JY 中间继电器（电流启动） （DC/220、无保持）	JY-DS 2A2	2
5	10R	可变电阻 3296	3296-102-10K	1
6	5R(7R)	RM065 系列电阻器	MFR016-500	2
7	HG	交流指示灯	E-12V	1
	HR		E-220V	1
8	TA	三相电流互感器（二次侧）	LMZ3D-600/5	1
9	KI-A/B/C	JY 电流继电器（AC/100）	JY-DL 250V-10A	3
10	KS	DXM-2A 信号继电器 （DC、电流启动）	DXM-2A/0. 025-220	1
11	QF	弹簧操动机构（直流、展开图）	CT8-I DC220V	1
12	直流电源	直流电源（小母线形式）	DC-220V	1

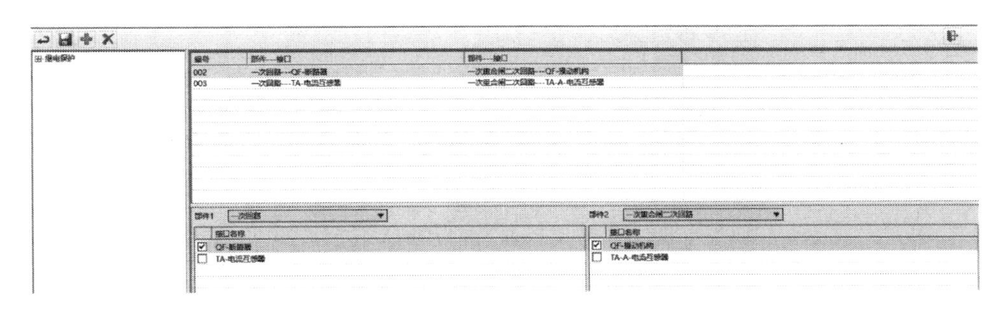

图 5-7　自动重合闸的对应关系

（2）设置重合闸装置的时间继电器 KT 的整定时间为 2s。

（3）运行。待储能弹簧储能结束后，旋转六档转换开关至合位，使断路器 QF 闭合。

（4）打开电压表 U-C，查看充放电电容的电压，待电容充电就绪后可进行下述操作。

（5）被保护线路发生瞬时性故障。在一次回路中设置线路的瞬时性故障（例如：设置距 QF 8km 处发生 A、B 相相间瞬时性故障短路，故障持续时间为 1s）。

观察断路器 QF 的动作情况、各继电器的吸合状况及灯 HL 的变化等。

（6）被保护线路发生永久性故障。在一次回路中设置线路永久性故障（例如：设置距 QF 8km 处发生 A、B 相相间永久性的金属性短路故障）。

观察断路器 QF 的动作情况、各继电器的吸合状况及灯 HL 的变化等。

（7）试验结束后，修复故障，停止运行。

（四）思考题

（1）分析重合闸前、后加速电流速断保护的过程有什么不同？其原因是什么？

（2）防跳继电器在本试验中是如何实现防跳功能的？

（3）永久性故障时请仔细写出保护切除故障的动作过程，并算出相应的时间。

（4）试分析自动重合闸装置的二次回路动作过程。

案例六　输电线路的闭锁式方向纵联保护虚拟仿真实验

（一）实验目的

（1）了解闭锁式方向纵联保护的组成和基本原理。

（2）学习闭锁式方向纵联保护中电流和时间整定值的调整方法。

（3）研究电力系统中运行方式变化对保护灵敏度的影响。

（4）分析闭锁式方向纵联保护动作配合的正确性。

（二）实验原理

1. 相地式载波通信原理

相地式载波通信通道示意图如图 6-1 所示。下面介绍各部分的作用：

（1）输电线路。三相输电线路用来传输高频信号，任意一相与大地间都可以组成“相-地”回路。

（2）阻波器。L、C 组成的并联电路。对高频信号：并联谐振，呈大阻抗不能通过，限制在本段输电线内。对工频信号：无谐振，呈小阻抗，能顺利通过，不影响工频电量传输。

（3）耦合电容器。其电抗 $X_c=1/(\omega C)$，通高频，阻工频。同时起到隔离高压线路与高频收、发信机的作用。

（4）连接滤波器。由可调空心变压器和高频电缆侧电容组成。结合电容器＋连接滤波器构成带通滤波器（提取所需高频信号，滤除其余高频干扰）。为消除高频波反射，减小高频能量损耗，带通滤波器的波阻抗：输电线侧与输电线波阻抗（400Ω）匹配，高频电缆侧与电缆波阻抗（100Ω）匹配。

（5）高频收发信机。发信机：由继电保护控制发出信号或者停止发信；有两种发信方式：故障发信和长期发信。收信机：可收到本端和对端发信机所发高频信号。

（6）接地开关。检修滤波器是接通开关，可靠接地。

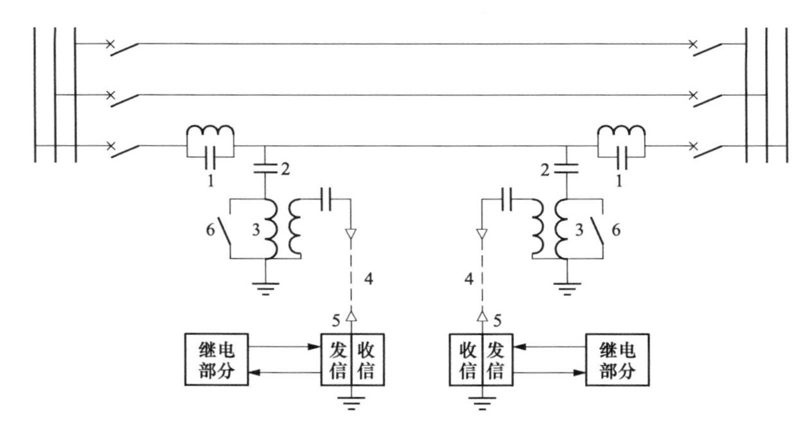

图 6-1 载波通信示意图

1—阻波器；2—耦合电容器；3—连接滤波器；4—电缆；5—载波收发信机；6—接地开关

2. 虚拟实验的载波原理

（1）阻波器是设置在一次线路的单相线路上，能够阻止高频波通过。使用的时候直接挂接到输电线路上。

（2）电力载波机是高压端挂接在一次回路上，低压端接入二次回路。根据不同的电路方式（项目形式和一、二次回路形式），有两种形式。

在一次回路和二次回路分离情况下，使用电力载波机连接件将一次回路上的电力载波机和二次回路中的电容耦合器进行连接。

一、二次回路形式中直接使用高低压一体式的电力载波机和收发信机。

（3）收发信机。

1）收发信机有三对端子①、②和一个连接电容耦合端子③。

2）收发信机的端子①是用于启发信号控制，当端子①回路闭合时允许发送信号。

3）端子②是信号端子，传送信号。比如：闭锁式方向纵联保护传送闭锁信号、纵联电流相位差动保护传送电流相位信号。

4）电容耦合端子③是用于与电力载波机的低压侧的电容耦合器端子对接。

5）收发信机通过电力载波机向电力线路收发信号。然后，电力线路上各方收发信机均接收发到电力线路上的信号。

6）收发信机带有一个动合触点和一个动断触点供二次回路使用。

7）收发信机有频率设置、信号类型设置、闭锁动作相角差设置三项设置功能。

8）约定：两台阻波器圈定的线路上的所有收发信机信号频率都是互不相同的。

9）当信号类型设置为“闭锁信号”，端子②回路闭合时，端子②就向收发信机提供闭锁信号。当端子①回路闭合时，收发信机发送闭锁信号。

10）当信号类型设置为“电流相位角信号”，端子②接入电流相位信号，当端子①闭合时，收发信机将端子②的电流相位信号通过载波机发送至输入线路。

11）收发信机接收线路上的电流相位信号，然后对接收的高频波的电流相位信号进行比较，如果二者电流相位差（绝对值）大于本地收发信机设置的闭锁动作相角差，收发信机动断触点打开实现闭锁。

12）收发信机内置接地和内置电源。

虚拟实验用到的元件如图 6-2 所示。

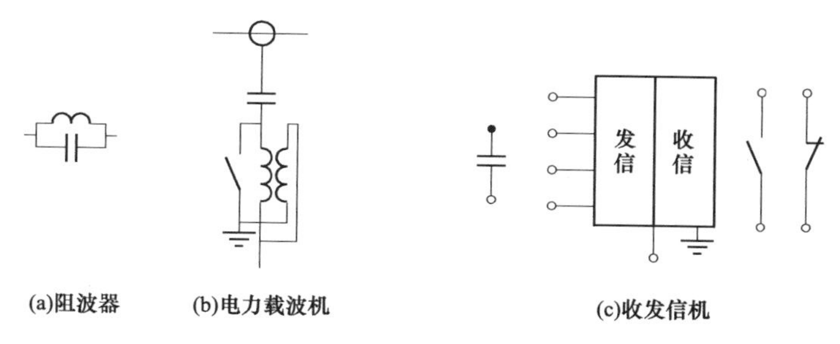

图 6-2　虚拟实验用到的元件

3. 闭锁式方向纵联保护基本原理

闭锁式方向纵联保护——此闭锁信号由功率方向为负的一侧发出，被两端的收信机接收，闭锁两端的保护，其工作原理如图 6-3 所示。

闭锁信号：短路功率方向为负的一端发出，两端接收闭锁信号→闭锁本端保护。比如图中 d 点发生故障：QF3 和 QF4 为正方向，QF2 和 QF5 为反方向。闭锁信号由反方向的 QF2 和 QF5 发出，闭锁输电线路 AB 及 CD 两端的保护。AB 线和 CD 线的保护均不动作。而正方向的 QF3 和 QF4 均不发闭锁信号，保护 3 和保护 4 跳闸切除故障线路 BC。

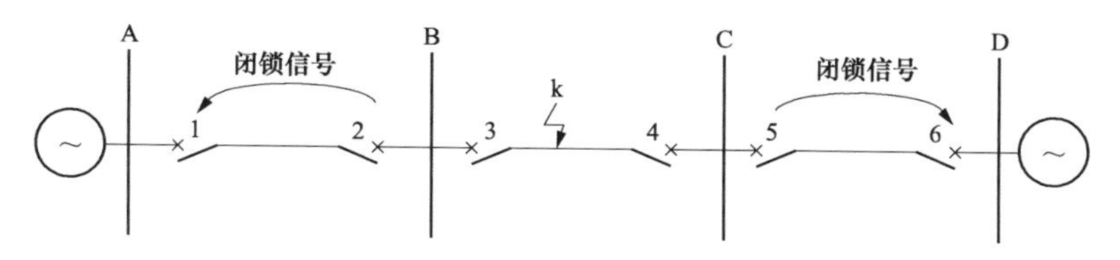

图 6-3　闭锁式方向纵联保护基本原理

这种保护的优点，即利用非故障线路一端的闭锁信号，闭锁非故障线路不跳闸。而对于故障线路跳闸则不需要闭锁信号，这样在内部故障伴随有通道破坏（例如通道相接地或断线）时，两端保护仍能可靠跳闸，这是这种保护得到广泛应用的主要原因。

4. 闭锁式方向纵联保护原理框图

闭锁式方向纵联保护原理图如图 6-4 所示，KA2 为高定值电流启动停信元件，KA1 为低定值电流启动发信元件，KW^+ 为功率正方向元件，t_1 为瞬时动作延时返回元件，t_2 为延时动作瞬时返回元件。

当如图 6-3 中 d 点发生故障以后：KA1 定值低先动作，经过 t_1 元件瞬时动作以后启动收发信机发闭锁信号，告诉两侧的保护：大家都不要动作。随后 KA2 高定值元件动作，这时要看 KW^+ 功率正方向元件是否动。

如果是区内故障，两端的保护都是正方向，KA2 和 KW^+ 都动作，与门开启。这时经过 t_2 延时以后准备跳闸。同时与门的另一个输出接收发信机停止发信，两端都不发出闭锁信号。所以两端的保护都收不到闭锁信号，并且本侧保护元件动作，保护跳闸。

如果是区外故障，总有一端的保护是反方向（比如 QF2），QF2 的二次回路中尽管 KA2 动作，但 KW^+ 不动作，与门不输出。这时 QF2 继续发出闭锁信号，该闭锁信号被 QF1 和 QF2 都能收到，保护收到闭锁信号，无法跳闸。

这里要注意的是，t_1 为瞬时动作延时返回元件，元件动作立即接通，元件返回以后延时返回。t_1 元件在故障发生 KA1 动作以后立即接通，保护跳闸切除故障 KA1 返回以后 t_1 延时返回。延时返回时间 t_1 一般整定为 100ms，是为了保证故障被切除以后停止发闭锁信号。t_2 为延时动作瞬时返回元件，是为了考虑对端信号传输到本侧所需要的时间，t_2 一般整定为 4～16ms。

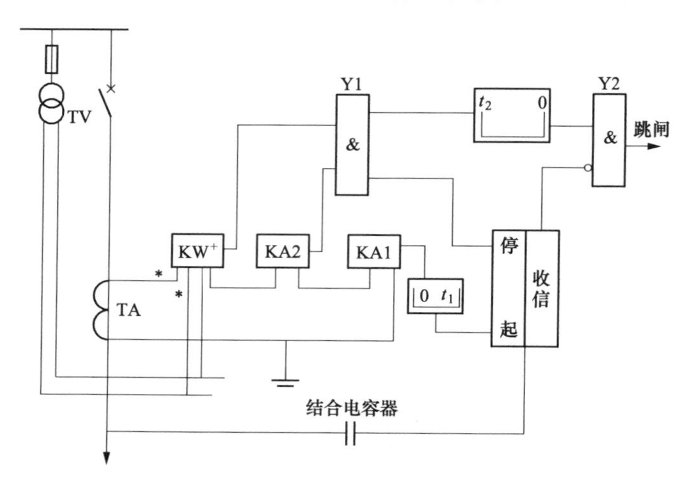

图 6-4　闭锁式方向纵联保护原理图

（三）整定计算

图 6-5（P69）所示一次电路中，已知：线路 AB、BC、CD 上装有闭锁式方

向纵联保护，为保证动作的正确性，闭锁式保护需要设置两个灵敏度不同的相电流启动元件。已知被保护线路的最大工作电流为350A，可靠系数 $K_{rel}=1.2$，返回系数 $K_{re}=0.85$，高定值动作值不低于低定值动作值的1.5倍。$L_{AB}=100km$，$L_{BC}=100km$，$L_{CD}=100km$。电源的 $X_{G1.max}=X_{G2.max}=6\Omega$，$X_{G1.min}=X_{G2.min}=10\Omega$；$x_0=0.4\Omega/km$，$E_{\varphi}=230/\sqrt{3}kV$，电流互感器变比都为600/5。其他参数如图所示。

试计算保护QF1～QF6各段动作电流、动作时间，搭建二次回路，并自行检验正确性。

1. 闭锁式方向纵联保护一次回路虚拟元器件

纵联保护一次回路虚拟元件见表6-1。

表6-1　纵联保护一次回路虚拟元件

序号	元件显示	名称	型号	数量
1、2	230kV（E1/E2）	三相交流电源带中性点	JY-1	2
3～6	A～D	三相母线	LMY-25-3	4
7～12	QF1～QF6	高压断路器	SN10-35/1250-20	6
13～18	TA1～TA6	三相电流互感器一次侧	3×1	6
19～22	ZB1～ZB4	阻波器	JY-1	4
23～26	TV1～TV4	三相电压互感器（Yy）	JY-1	4
27～32	B1-A～B6-A	电力载波机	JY-1	6

2. 闭锁式方向纵联保护二次回路虚拟元器件

纵联保护二次回路虚拟元件见表6-2。

表6-2　纵联保护二次回路虚拟元件

序号	元件显示	名称	型号	数量
1～3	TA-A(B/C)	三相电流互感器	LMZ3D-600/5	3
4～6	I-1(2/3)	电流表	JY-1	3
7～9	KW-A(B/C)	功率方向继电器	JY-1	3
10～12	KI-A(B/C)-1	JY电流继电器	JY-DL 250V-10A	3
13～15	KI-A(B/C)-2	JY电流继电器	JY-DL 250V-10A	3
16	G-R	高频收发信机	JY-1	1
17	TV	三个单相电压互感器（Yy）（二次侧）	JY-10kV/100V	1
18	U-2	电压表	JY-1	1
19	KT	时间继电器	JY-DS 220V	1

续表

序号	元件显示	名称	型号	数量
20	QF	弹簧操动机构 直流、展开图	CT8-1 DC220V	1
21	合闸	自动复归手动按钮开关	LA38-11/R	1
22	保护复归	自动复归手动按钮开关	JY-220V/3A	1
23	直流电源	直流电源（小母线形式）	DC-220V	1

3. 保护整定值计算

（1）低定值启动元件用于启动发信回路，按躲过本线路最大负荷电流整定：

$$I_{\mathrm{set.L}}=\frac{K_{\mathrm{rel}}}{K_{\mathrm{re}}}I_{\mathrm{L.max}}=\frac{1.2}{0.85}\times 350=494\ (\mathrm{A})$$

$$I_{\mathrm{op.L}}=\frac{I_{\mathrm{set.L}}}{K_{\mathrm{jx}}n_{\mathrm{TA}}}=\frac{494}{1\times 600/5}=4.11\ (\mathrm{A})$$

（2）高定值启动元件用于启动跳闸回路，应满足配合关系：

$$I_{\mathrm{op.H}}=1.5I_{\mathrm{op.L}}=1.5\times 4.11=6.18\ (\mathrm{A})$$

（四）实验内容

（1）按照图 6-5 绘制闭锁式纵联保护的一次回路。

（2）在各线路段上按图挂接阻波器，通过阻波器将电力载波信号只在各段输电线路上传输，不让高频电波在各线路上穿越。

（3）在各线路段二端断路器出口处各挂接一台电力载波机。

（4）按照图 6-6 绘制闭锁式纵联保护的二次回路。

（5）闭锁式方向纵联保护的对应关系如图 6-7 所示，在项目的对应关系中，通过电力载波机连接件建立一次回路中各个电力载波机和二次回路中各个电容耦合器的对应关系。通过电压互感器连接件建立一次侧各个电压互感器与二次侧各个电压互感器的对应关系。通过电流互感器连接件建立一次侧各个电流互感器与二次侧各个电流互感器的对应关系。通过断路器和操动机构连接件建立一次侧各个断路器与二次侧各个操动机构的对应关系。

（6）对各电力载波机的收发信机设置各自的频率使得同一线路段上的二台收发信机使用不同的频率。设置所有收发信机的信号类型为“闭锁信号”。

（7）以下对于 QF3 保护进行实验分析。当保护的区外线路 L1 上发生故障后，低阈值电流继电器 KI-1 启动，时间继电器 KT-1 启动，瞬时动合延时断开触点 KT-1-1 立即闭合。由于故障发生在该保护的反方向，该保护的方向继电器不启动，收发信机开启发信端子不闭合，收发信机发送闭锁信号，本地保护以及对方保护 QF4 均被闭锁。同样，当故障发生在对方的反方向时，对方保护和

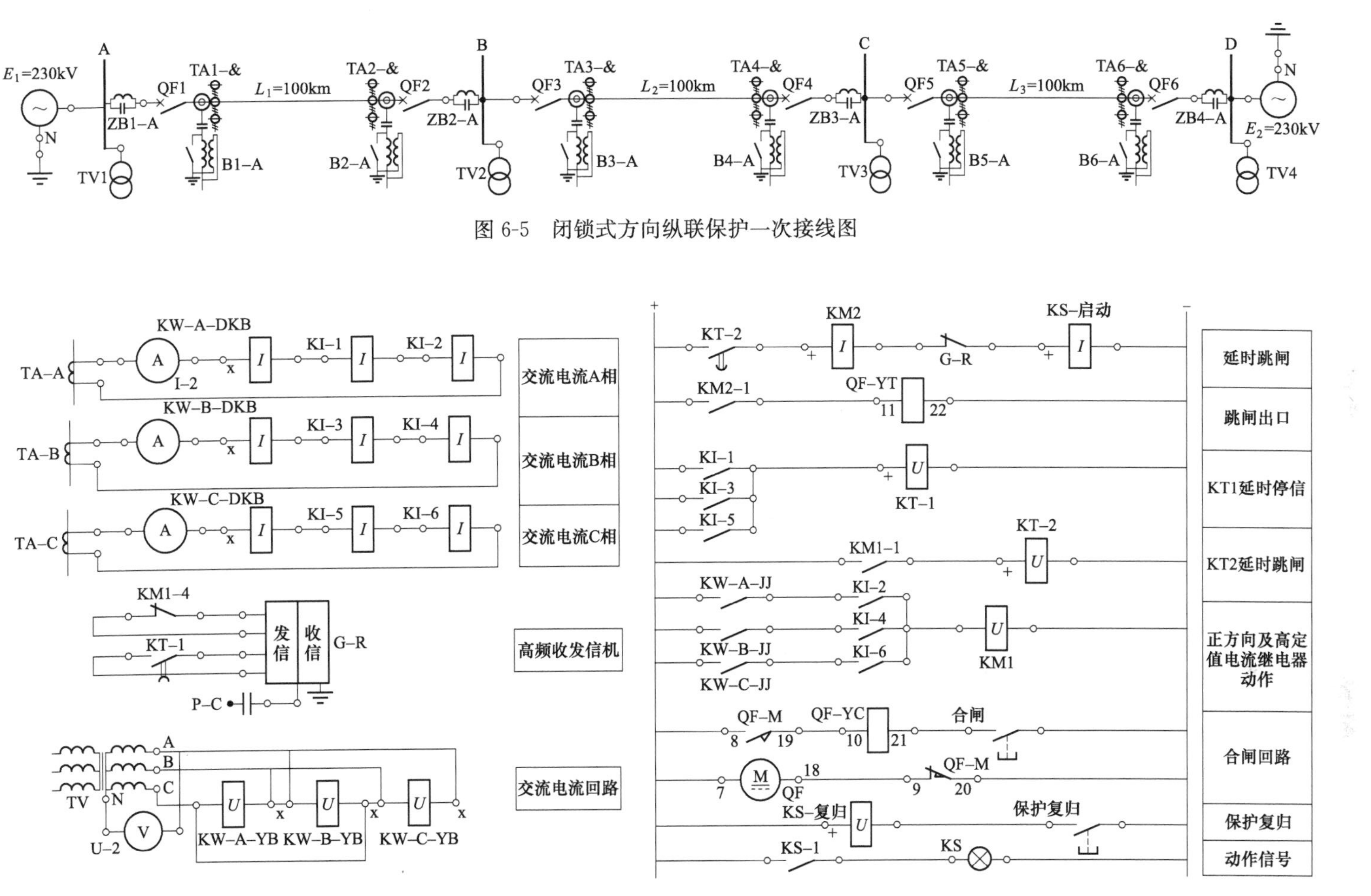

图 6-5　闭锁式方向纵联保护一次接线图

图 6-6　闭锁式方向纵联保护二次接线图

本地保护都被闭锁，不能跳闸。当故障发生在区域内时，本地保护和对方保护的方向继电器都启动，并且本地保护和对方保护的高阈值电流继电器 KI-2 也都启动。本地保护和对方保护都停止发送锁信号。因此，该区域两端保护均跳闸。

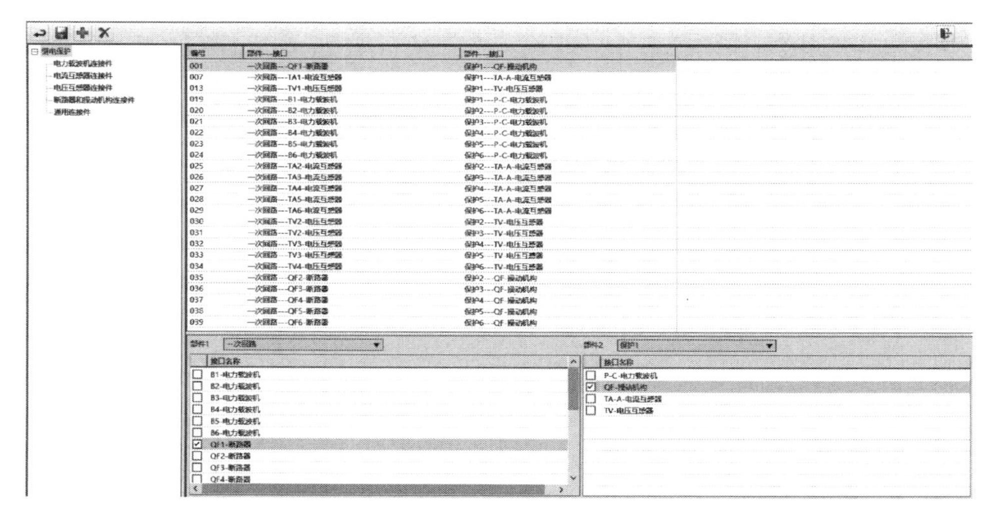

图 6-7　闭锁式方向纵联保护的对应关系

（8）试验结束后，修复故障，停止运行。

（五）思考题

（1）纵联保护依据的最基本原理是什么？

（2）输电线路纵联电流差动保护在系统振荡、非全相运行期间，是否会误动？为什么？

（3）纵联保护与阶段式保护的根本差别是什么？

（4）通道传输的信号种类、通道的工作方式有哪些？

案例七　电力变压器差动保护虚拟仿真实验

（一）实验目的

（1）熟悉变压器纵差保护的组成原理及整定值的调整方法。

（2）了解 YNd11 接线的变压器，其电流互感器二次接线方式对减少不平衡电流的影响。

（3）理解和掌握变压器差动保护整定计算原理及二次回路动作过程。

（二）实验原理

1. 变压器保护的配置

变压器是十分重要和贵重的电力设备，使用相当普遍。变压器如发生故障将给供电的可靠性带来严重的后果，因此在变压器上应装设灵敏、快速、可靠和选择性好的保护装置。

变压器上装设的保护一般有两类：一种为主保护，如气体保护、差动保护；另一种为后备保护，如过电流保护、低电压启动的过流保护等。

本虚拟实验的差动保护采用不带制动特性的差动保护。

2. 变压器纵联差动保护基本原理

图 7-1 所示为双绕组纵联差动保护的单相原理说明图，元件两侧的电流互感器的接线应使在正常和外部故障时流入继电器的电流为两侧电流之差，其值接近于零，继电器不动作；内部故障时流入继电器的电流为两侧电流之和，其值为短路电流，继电器动作。但是，由于变压器高压侧和低压侧的额定电流不同，为了保证正常和外部故障时，变压器两侧的两个电流相等，从而使流入继电器的电流为零，即

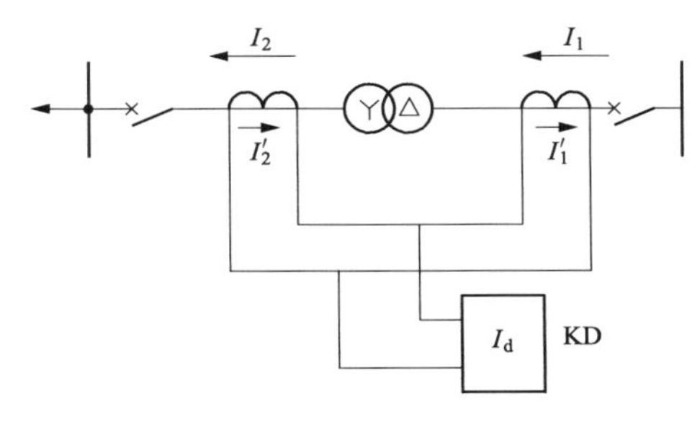

图 7-1　变压器纵差动保护单相原理图

$$I_{KA}=\frac{I_1}{K_{TAY}}-\frac{I_2}{K_{TA\triangle}}=0 \tag{7-1}$$

式（7-1）可改写为

$$\frac{K_{\mathrm{TA}\triangle}}{K_{\mathrm{TA}Y}}=\frac{I_2}{I_1}=K_{\mathrm{T}} \tag{7-2}$$

式中 $K_{\mathrm{TA}Y}$——变压器 Y 侧电流互感器变比；

$K_{\mathrm{TA}\triangle}$——变压器 d 侧电流互感器变比；

K_{T}——变压器变比。

显然要使正常和外部故障时流入继电器的电流为零，就必须适当选择两侧互感器的变比，使其比值等于变压器变比。但是，实际上正常或外部故障时流入继电器的电流不会为零，即有不平衡电流出现，原因是：

（1）各侧电流互感器的磁化特性不可能一致。

（2）为满足式（7-1）要求，计算出的电流互感器的变比，与选用的标准化变比不可能相同。

（3）当采用带负荷调压的变压器时，由于运行的需要为维持电压水平，常常变化变比 K_{T}，从而使式（7-1）不能得到满足。

（4）由图 7-1 可见，变压器一侧采用三角形接线，一侧采用星形接线，因而两侧电流的相位会出现 30°的角度差，就会产生很大的不平衡电流（见图 7-2）。

（5）由于电力系统发生短路时，短路电流中含有非周期分量，这些分量很难感应到二次侧，从而造成两侧电流的误差。

（6）分析表明，当变压器空载投入和外部故障切除后，电压恢复时，有可能出现很大的变压器激励电流，通称为激励涌流。由于涌流只流过变压器的一侧，其值又可达到额定电流 6～8 倍，常导致差动保护的误动。

为了要实现变压器的纵联差动保护，就要努力使式（7-1）得到满足，尽量减少不平衡电流，上述六种因素中有些因素因为其数值很小，有些因素因为是客观存在不能人为改变的，故常常在整定计算时将它们考虑在可靠系数中。

本虚拟实验学生可以自己动手设计一次接线和二次接线，将两侧电流互感器二次侧的电流接入差动继电器，若接线正确，则流入差动保护的差电流近似为零，否则差电流较大，如图 7-2 所示。Y侧与△侧的一次电流有 30°的误差，因此可以将Y侧电流互感器二次电流接成△，△侧的二次电流接成 Y 进行校正。

（三）整定计算

为了使实验能够体现电力系统的完整概念，本实验项目将 110kV 变电站主接线作为典型电网的一部分，其运行环境及实时运行参数与模拟电网一致。变电站高、低压侧均采用单母线分段形式，其最大运行方式网络系统图如图 7-3 所示，最小运行方式网络系统图如图 7-4 所示。

一次系统网络参数见表 7-1～表 7-4，基准容量 S_{B}=100MVA。

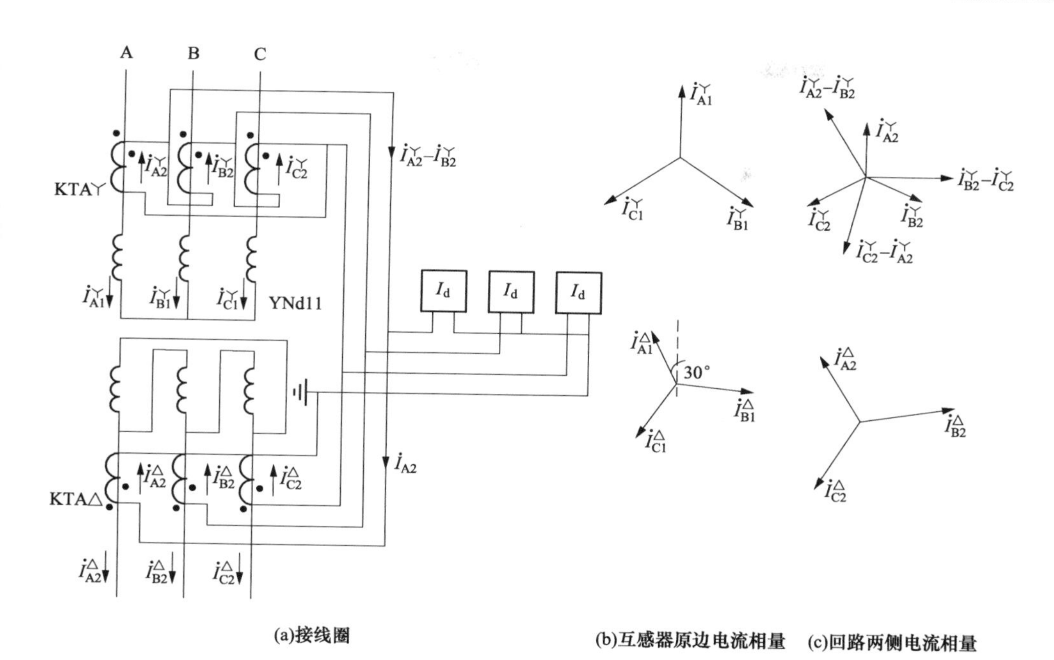

图 7-2　YNd11 接线的变压器差动保护的三相接线图

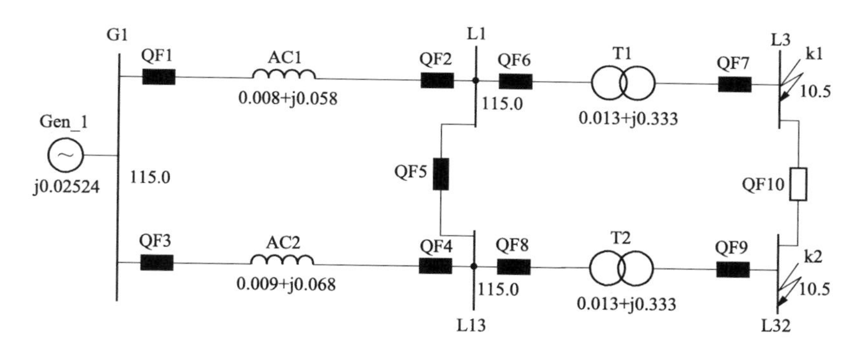

图 7-3　最大运行方式网络系统图

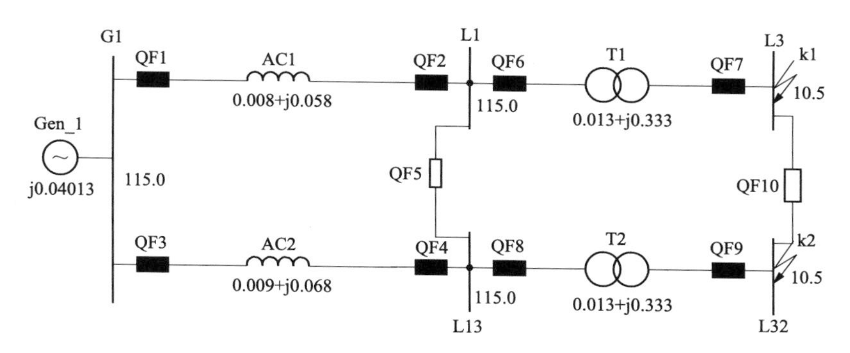

图 7-4　最小运行方式网络系统图

表 7-1 电源参数（标幺值）

电源（标幺值）	零序电抗（大方式）	正序电抗（大方式）	零序电抗（小方式）	正序电抗（小方式）
Gen_1	0.0958	0.025 24	0.1024	0.040 13

表 7-2 输电线路参数

线路	正序电阻（Ω/km）	正序电抗（Ω/km）	零序电阻（Ω/km）	零序电抗（Ω/km）	长度（km）	型号
AC1	0.04	0.308	0.2	0.4013	25	2×LGJQ-400
AC2	0.04	0.308	0.2	0.4013	29	2×LGJQ-400

表 7-3 变压器参数

变压器	型号	P_0(kW)	I_0(%)	P_k(kW)	U_k(%)	接线
T1	SF11-31500/110	24.6	0.6	126.4	10.5	YNd11
T2	SF11-31500/110	24.6	0.6	126.4	10.5	YNd11

表 7-4 电源参数（有名值）

电源（有名值）	零序电抗（大方式）	正序电抗（大方式）	零序电抗（小方式）	正序电抗（小方式）
Gen_1	12.67Ω	3.338Ω	13.54Ω	5.307Ω

1. 短路电流计算

由图 7-2 和图 7-3 分别计算最大运行方式三相和最小运行方式两相短路电流：最大运行方式 QF5 合上，QF10 断开，电源阻抗取最小值；最小运行方式 QF5 断开，QF10 断开，电源阻抗取最大值。计算结果见表 7-5 和表 7-6。

表 7-5 短路电流计算（最大运行方式三相短路）

短路点	短路电流（kA）	短路容量（MVA）	T1 电流（kA）	T2 电流（kA）
k_1	14.092	256.277	1.2866	0
k_2	14.092	256.277	0	1.2866

表 7-6 短路电流计算（最小运行方式两相短路）

短路点	短路电流（kA）	短路容量（MVA）	T1 电流（kA）	T2 电流（kA）
k_1	11.019	200.393	1.006	0
k_2	10.785	196.144	0	0.9847

2. 变压器差动保护的整定计算

（1）变压器差动保护的作用及保护范围。变压器差动保护作为变压器的主保护，其保护区是构成差动保护的各侧电流互感器之间所包围的部分。包括变压器本身、电流互感器与变压器之间的引出线。

（2）变压器参数计算。变压器参数见表 7-3，由此计算变压器额定电流并选择电流互感器变比见表 7-7。

低压侧额定电流：$I_{N2}=S_N/\sqrt{3}U_N=31\ 500/\sqrt{3}\times10.5=1.732$（kA）

高压侧额定电流：$I_{N1}=S_N/\sqrt{3}U_N=31\ 500/\sqrt{3}\times110=165.332$（A）

选择高压侧变比：300/5(5P10)　低压侧变比：2000/5(5P10)

表 7-7　110kV 变压器（YNd11）电流互感器选择

项目	110kV	10.5kV
一次额定电流（A）	165.332	1732
电流互感器变比	300/5(5P10)	2000/5(5P10)
互感器接法	三角形	星形
变压器接法	星形	三角形
二次回路额定电流（A）	4.772	4.33

选 110kV 为基本侧。

（3）整定继电器的动作电流。

1）按躲过最大不平衡电流整定：

$$I_{dz1}=K_{rel}(\Delta f_{za}+\Delta U+0.1K_{st}K_{np})I_{k.max}=1.3\times(0.0927+0.05+0.1\times1\times1)\times1286=405.7A$$

其中：$\Delta f_{za}=[1-(110/10.5)\times60]/(\sqrt{3}\times400)=0.0927$

2）按躲过励磁涌流整定：

$$I_{dz2}=K_{rel}K_uI_{N1}=1.3\times1\times165.3=289.2A$$

3）按躲过电压回路断线整定：

$$I_{dz3}=K_{rel}I_{L.max}=1.3\times165.3=289.2A$$

根据工程使用整定计算，取动作电流：

$$I_{dz}=\max\{I_{dz1},I_{dz2},I_{dz3}\}=\max\{405.7,289.2,289.2\}=405.7A$$

所以，二次定值如下：

$$I_{op}=I_{dz}K_{jx}/N_{TA}=405.7\times\sqrt{3}/60=11.71A$$

（四）实验内容

1. 变压器差动保护的一次回路

变压器差动保护的一次回路如图 7-5 所示，变压器差动保护一次回路虚拟元器件见表 7-8。

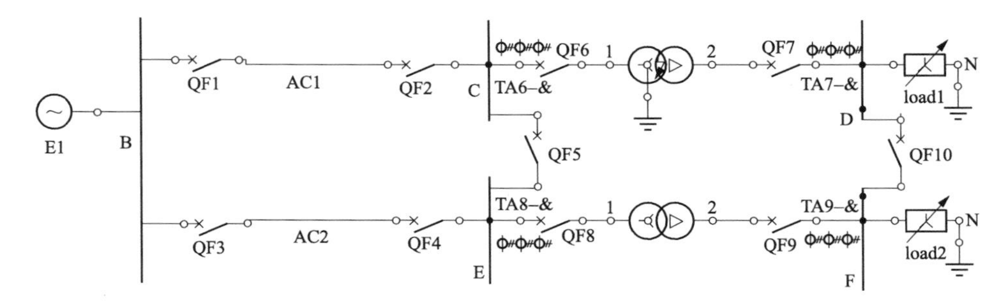

图 7-5　变压器差动保护的一次回路

表 7-8　　　　　　　　变压器差动保护一次回路虚拟元器件

序号	元件显示	名称	型号	数量
1	110kV(E1)	三相交流电源（序电抗）	JY-0	1
2～5	B～F	三相母线	LMY-25-3	5
6～15	QF1～QF10	高压断路器（通用）	JY-1	10
16～19	TA6～TA9	三相电流互感器（3×1）	3×1	4
19、20	AC1、AC2	JY 输电线	JY-1	2
20、21	LOAD1-2	三相对称负载（50Ω）	JY-50Hz	2
22、23	T1、T2	三相双绕组变压器（SF11-31500/110）	JY-50Hz	2
24、25	GND	接地	—	2

2. 变压器差动保护的二次系统接线图

变压器差动保护二次接线图（T1、T2 相同）如图 7-6 所示。

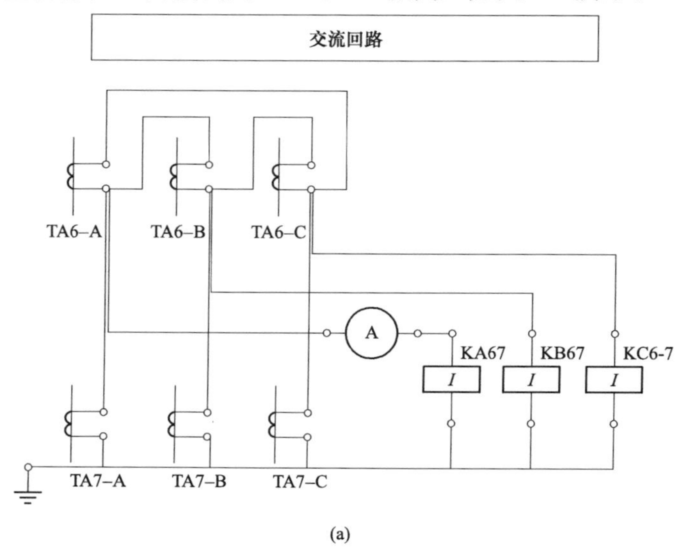

(a)

图 7-6　变压器差动保护二次接线交流回路图（T1、T2 相同）（一）

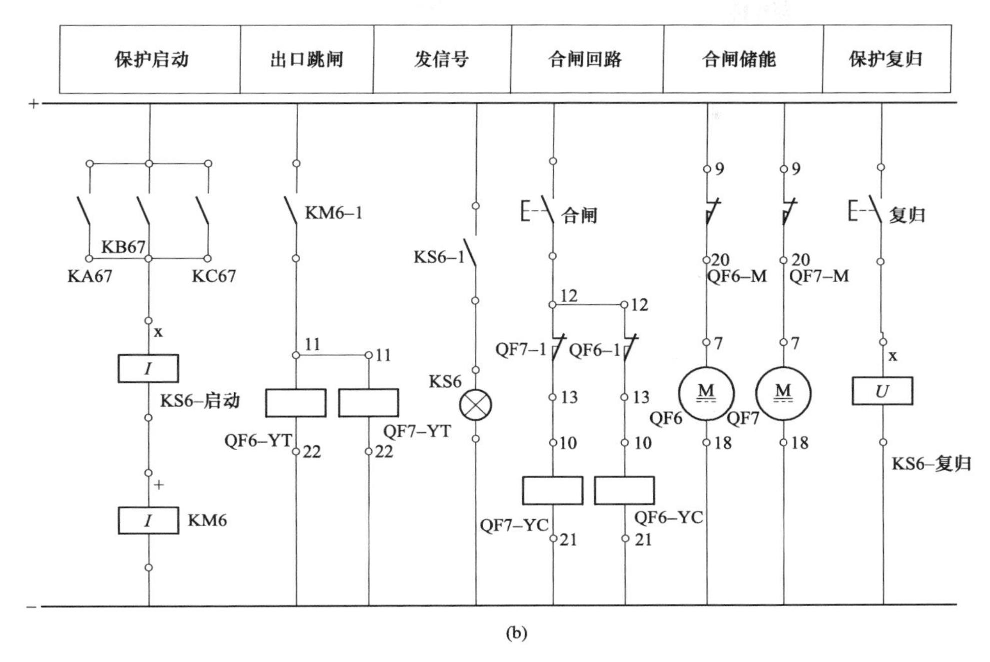

(b)

图 7-6　变压器差动保护二次接线直流回路图（T1、T2 相同）（二）

3. 差动保护虚拟实验元器件

变压器差动保护的二次系统元器件见表 7-9。

表 7-9　　变压器差动保护的二次系统元器件

序号	元件显示	名称	型号	数量
1	TA6	三相电流互感器（二次侧）	LMZ3D-300/5	1
2	TA7	三相电流互感器（二次侧）	LMZ3D-2000/5	1
3～5	KABC67	差动继电器（不带制动特性）	JY-1	3
6	A1	电流表	JY-1	1
7	KS6	JY 电流启动信号继电器	JY-DX220V-2A	1
8	KM6	JY 电流启动中间继电器	JY-DS 2A	1
9、10	QF6、QF7	弹簧操动机构直流展开图	CT8-1 DC220V	2
11	合闸	自动复归手动按钮开关	JY-110V/3A	1
12	复归	自动复归手动按钮开关	JY-110V/3A	1
13	直流电源	直流电源（小母线形式）	DC-220V	1

4. 差动保护虚拟实验步骤

（1）110kV 变电站变压器差动保护虚拟仿真实验系统登录。在浏览器（需采用 IE11 浏览器或者 360 浏览器的兼容模式）上输入实验课程网址 http：//

222.180.188.203：8080，进入实验课程主页，输入用户名和密码，点击“登录”进行 Web 页面登录。如果没有用户名密码或者专家登录，请点击专家体验或者采用测试账号（用户名密码都是 test8888）（注意：首次登录需要下载安装插件，成功安装静一插件以后才能正确登录）。登录界面如图 7-7 所示。

图 7-7　登录界面

（2）进入实验查询主界面。

1）进入系统以后请点击资源制作管理，本实验平台包含多个实验。

2）选择“资源查询”→电力变压器差动保护虚拟仿真实验目录，选择编号 16，变压器差动保护及二次回路虚拟仿真实验。资源查询界面如图 7-8 所示。

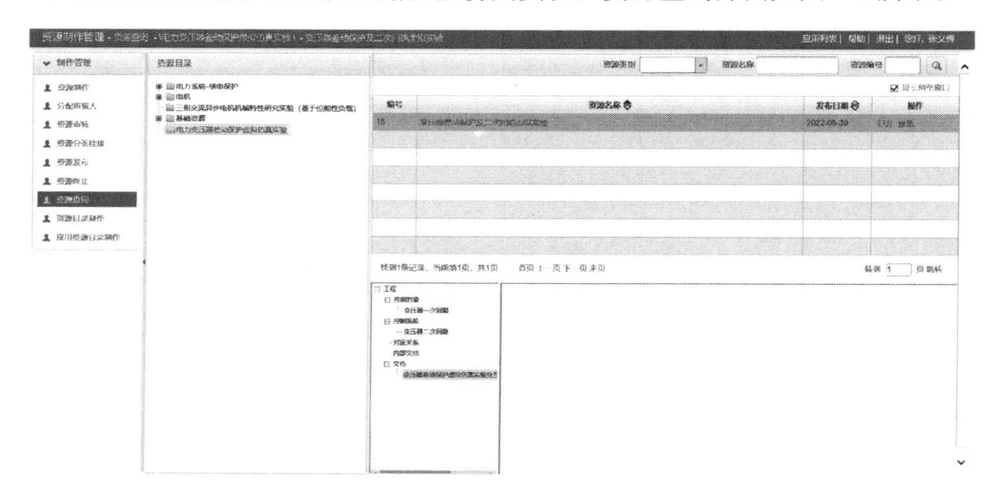

图 7-8　资源查询界面

（3）进入变压器保护主界面保存工程。

1）点击打开电力变压器差动保护虚拟仿真实验。

2）然后出现图 7-9 所示的工程图形界面。将鼠标停留在图形菜单上，会出现该菜单的功能提示。重要提示：为了不修改原始资源，建议首先将资源另存为一个新的资源，在新的资源上进行修改，否则有可能因为资源修改错误导致实验失败。

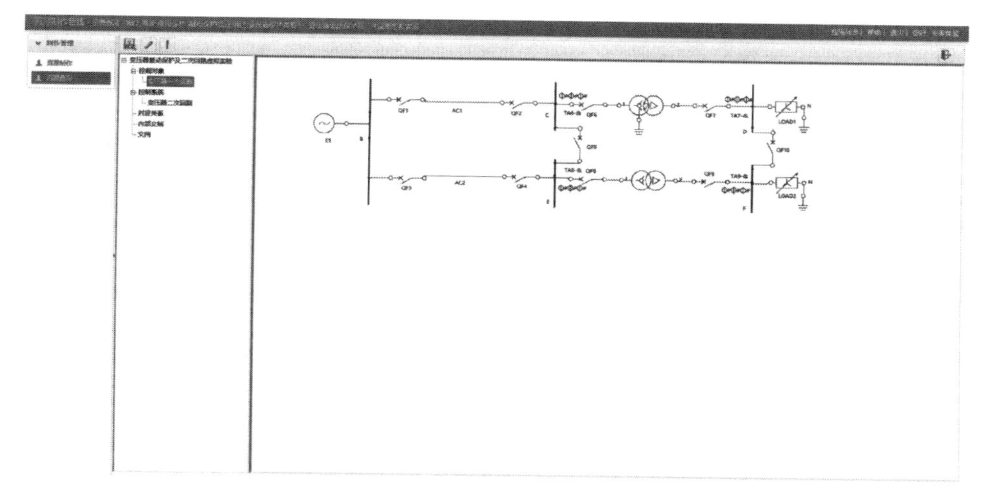

图 7-9　工程图形界面

3）点击“另存为”，输入资源名字，选择资源制作，点击应用系统→电力系统继电保护，保存一个新的资源。保存界面如图 7-10 所示。

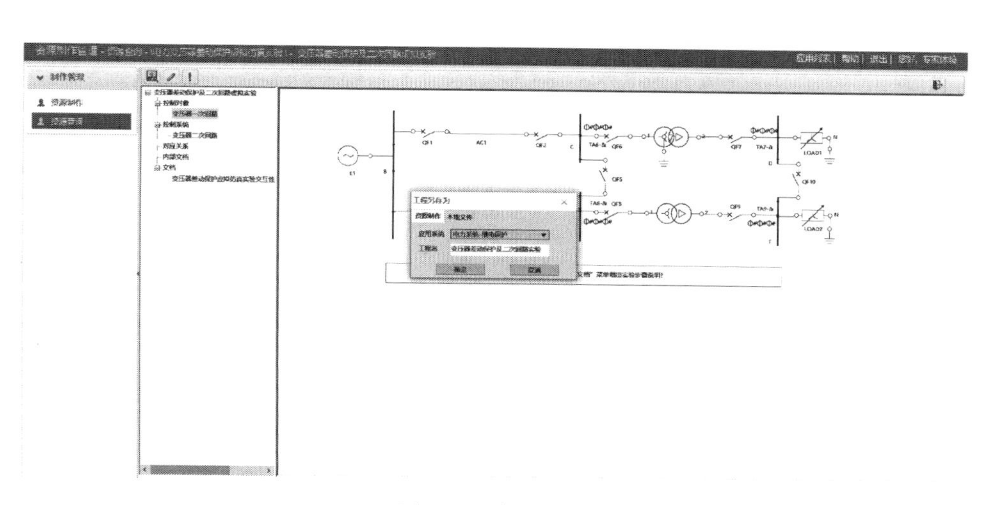

图 7-10　保存界面

（4）编辑新的资源。

1）点击资源制作，选择刚刚保存的资源，再点击“编辑”，进入资源编辑界面（见图 7-11）。

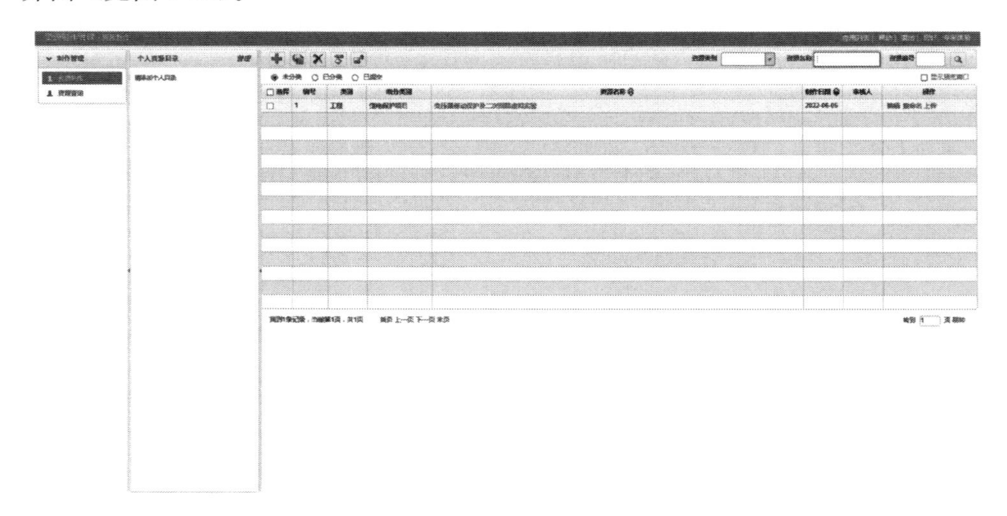

图 7-11　资源编辑界面

2）在图形界面的中下位置是工程文件名称，分为控制对象、控制系统、对应关系、内部文档及文档五个部分，如图 7-12 所示。控制对象包括实验的场景、变电站一次回路图等。控制系统由变电站各种二次回路图构成。对应关系是指不同对象之间对应的关系，比如断路器一次回路和操动机构对应关系，电流互感器电压互感器一次二次回路对应关系等。内部文档主要用于变电站内部复杂操作，比如变电站各种断路器合闸跳闸等。文档是本次实验所需的各种 Word，Excel 等文档。其中有个实验步骤的 Word 文档，用户可以打开该文档查看实验步骤。

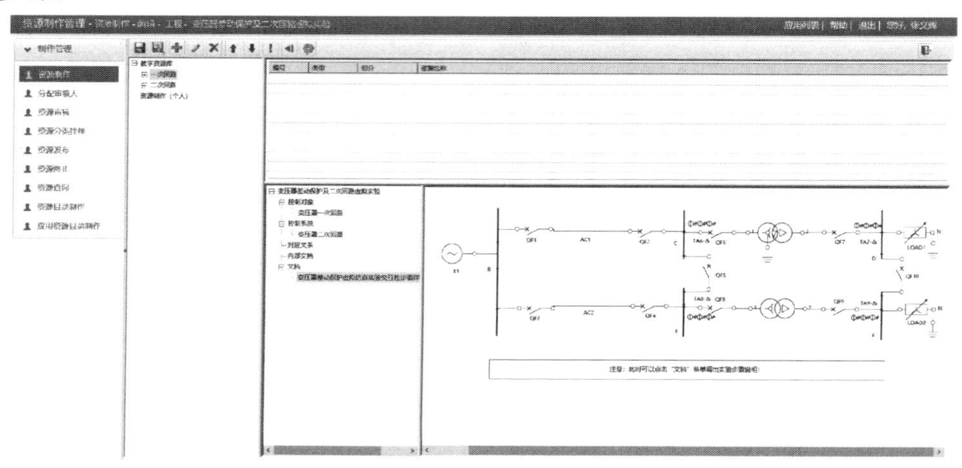

图 7-12　资源制作界面

3）每个对象都可以进行编辑，例如鼠标点击主接线回路，等右下窗口出现主接线时，再点击“编辑资源”菜单，就可以编辑主接线。注意：此时可以点击文档菜单调出实验步骤说明 Word 文档。

（5）编辑变压器差动保护的主接线回路。

1）编辑主接线回路如图 7-13 所示。界面中区域 1 为电力系统一次回路可选用的元器件列表，区域 2 为已选的元器件不同的规格列表，区域 3 为元器件参数显示框，区域 4 为一次回路编辑区。

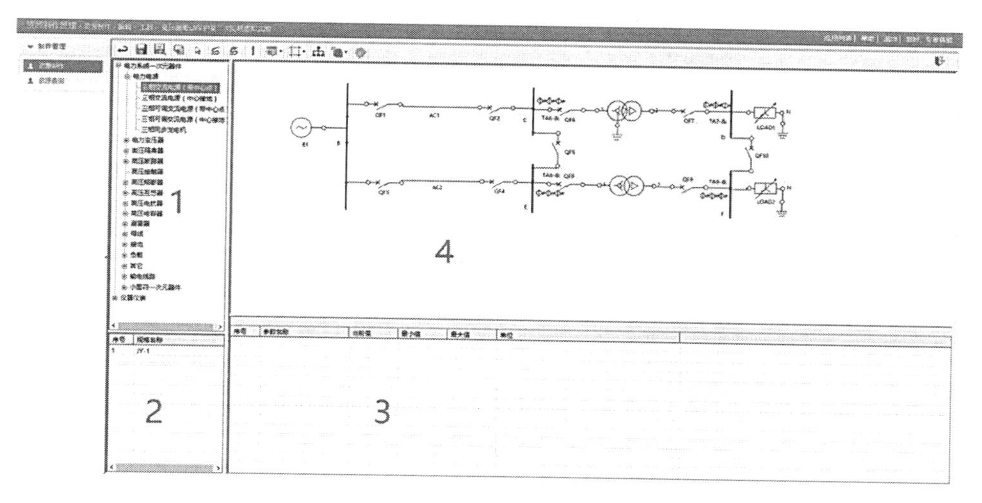

图 7-13　一次回路编辑界面

2）比如在区域 1 中点选：电力系统一次元器件→电力电源→三相交流电源（带中性点），然后选择区域 2 的规格 JY-1，在区域 3 会出现该电源的属性参数。鼠标点击区域 2 的 JY-1，并将其拖动到区域 4，就会出现该电源的图形。

3）鼠标右键点击该资源，选择“设置规格参数”可以修改其参数，选择“设置运行方式”可以修改电源不同运行方式的阻抗。

4）编辑完一次回路资源点击“保存”，然后“返回”可以退出编辑状态。

5）对于专家操作而言，本实验一次回路及二次回路都已经编辑完成，用户一般不用修改电路。但可以修改某些元件的参数。对于做实验的同学来说，一次回路必须由自己来完成编辑功能。

6）检查并修改一次回路的两个电源参数，变压器参数，输电线路参数见表 1-4 所示。注意所有参数都是有名值，不是标幺值。

（6）编辑变压器差动保护的二次回路。

1）选择变压器二次回路，点击“编辑资源”，如图 7-14 所示。

2）像编辑一次回路那样编辑二次回路，如图 7-15 所示。比如在区域 1 中点选：元器件→继电器→电流继电器→JY 电流继电器，然后选择区域 2 的规格

JY-DL 250V-10A，在区域 3 会出现该继电器的属性参数。鼠标点击区域 2 的 JY-DL 250V-10A，并将其拖动到区域 4，就会出现该继电器的图形。

3）注意：专家模式的二次回路已经编辑完成。对于做实验的同学来说，一次和二次回路由必须由自己来完成编辑功能。编辑完二次回路资源后点击“保存”，然后点击“返回”可以退出编辑状态。

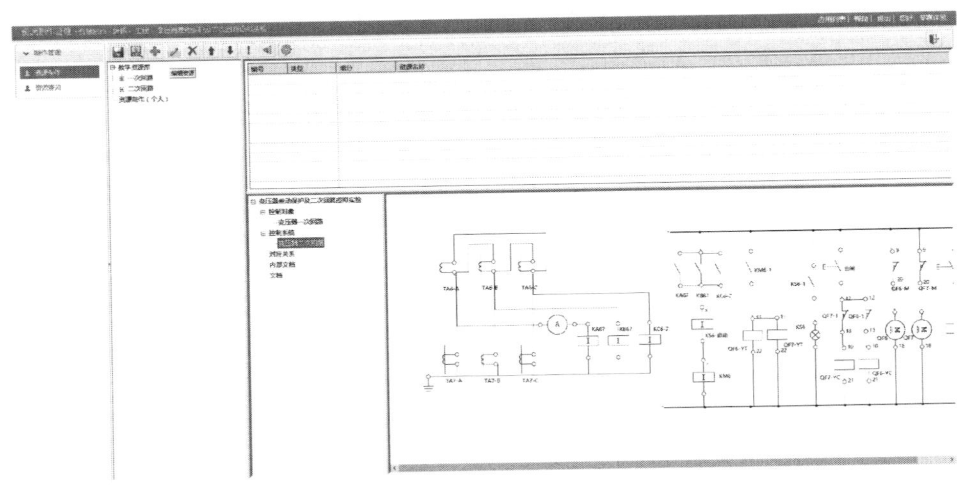

图 7-14　资源制作中的二次回路界面

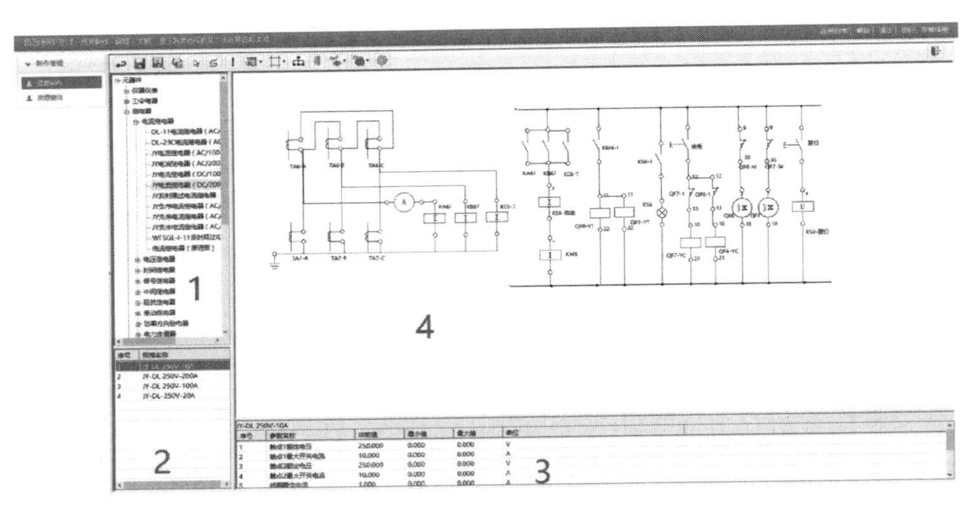

图 7-15　二次回路编辑界面

（7）设置变压器的菜单和关注点。

1）由于本程序默认关闭了很多菜单，所以需要在运行工程以前打开这些菜单。在工程界面中点击“自定义”，在弹出窗口将运行→主菜单和运行→工具子菜单和编辑主菜单的复选框全部选中，如图 7-16 所示。

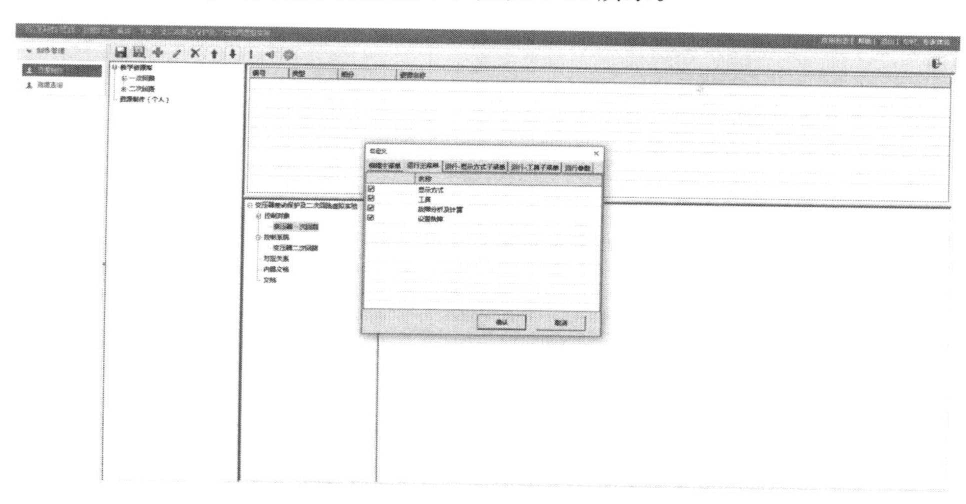

图 7-16　工程设置界面

2）点击“运行故障分析编辑”菜单，在对话框中选择“电压电流关注点”，然后依次选择 QF6 后面的线路（变压器 1 高压侧），点击“设置”，然后点击“确定”，如图 7-17 和图 7-18 所示。重复操作，选择 QF7 前面的线路（变压器 1 低压侧），变压器 T2 按此操作进行。

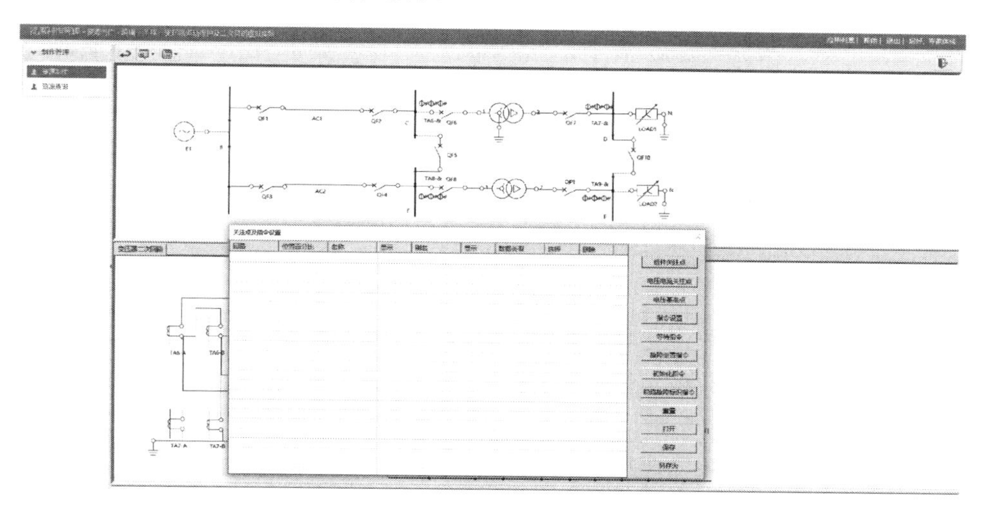

图 7-17　设置关注点界面

3）点击“另存为”，选择路径，输入文件名“变压器电压电流关注点”，点击“保存”。

4）点击返回到资源界面，选择内部文档→添加文档，将刚才保存的文档

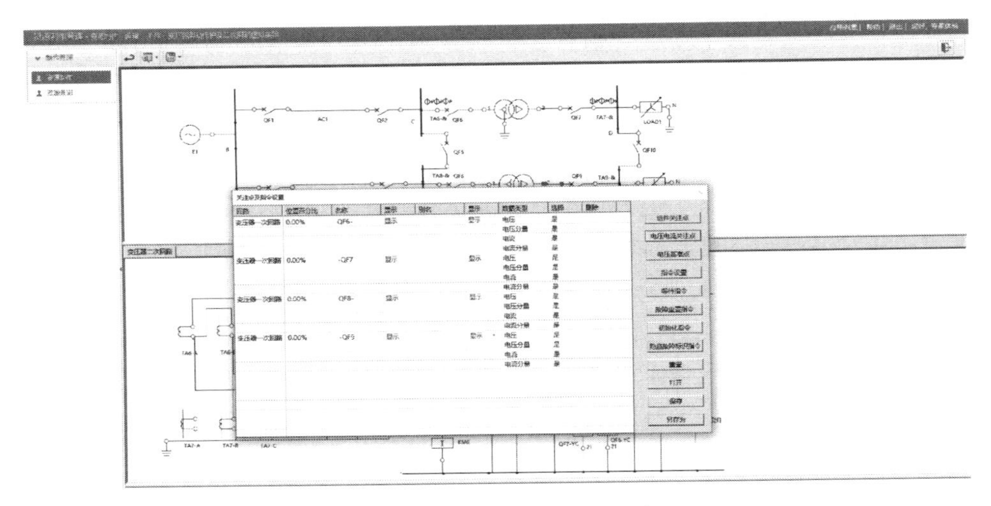

图 7-18　设置电流电压关注点

“变压器电压电流关注点”添加到内部文档，如图 7-19 所示。

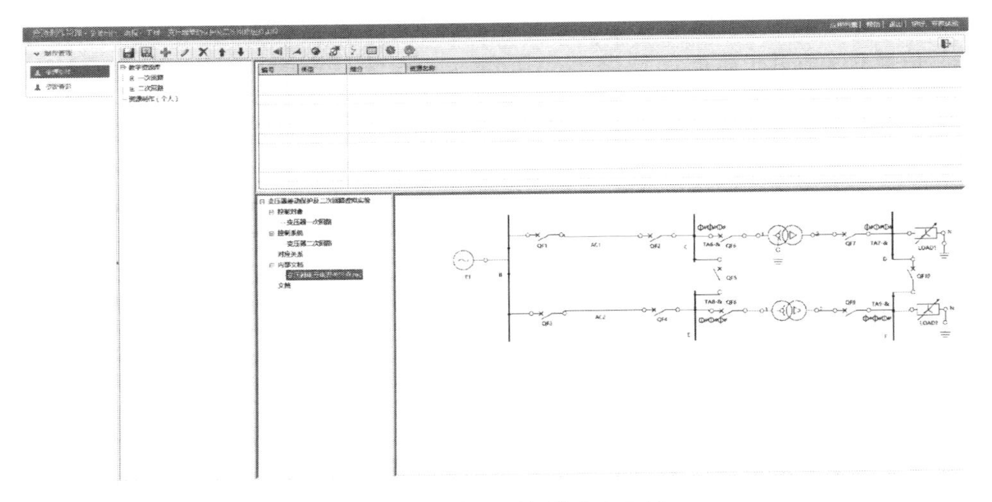

图 7-19　保存和添加关注点文档

（8）运行工程并修复故障。

1）在工程界面中点击运行菜单，运行工程，进入运行状态。特别注意：在进入运行状态时需要等待程序加载，有一定延时，此时不能点击鼠标或键盘，避免系统死机。

2）默认变压器 T1 有故障，这里需要先清除故障。鼠标点击 T1 变压器，点击鼠标右键“设置故障→修复故障”，然后退出，如图 7-20 所示。

3）假设每条 10kV 母线带一个出线负荷且功率因数为 0.9，计算变压器刚好

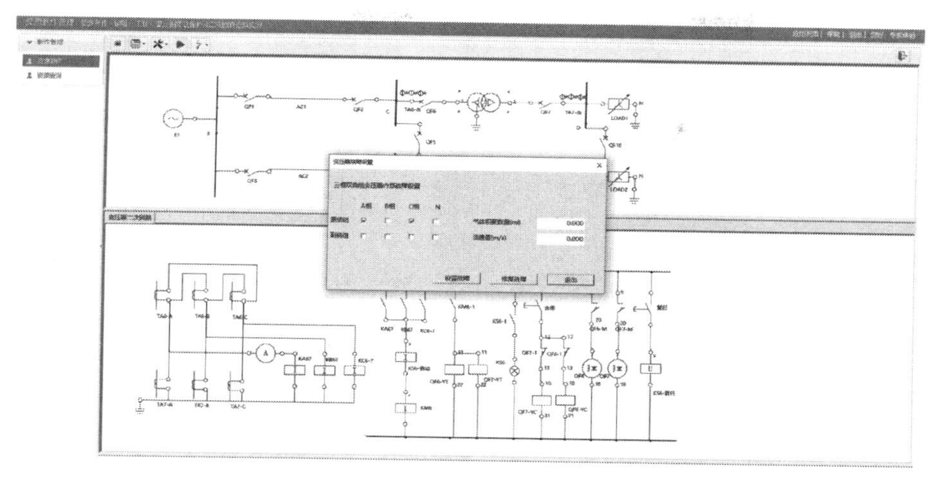

图 7-20　清除变压器故障界面

额定运行时的负荷阻抗值，并在主接线回路设置负荷阻抗的大小及功率因数角。

（9）设置并检查一次二次回路的参数。

1）点击“控制系统”→“主接线回路”菜单，弹出主接线回路图。

2）鼠标左键点击元件，再右键选择相应设置。设置并检查电源 E1，E2 当前运行方式电抗＝3.338Ω（最大运行方式）；线路长度 L_1＝25km，线路长度 L_2＝29km；检查变压器参数符合表 3 的设置。注意所有参数都是有名值，不是标幺值。

3）点击“变压器二次回路”的“差动继电器”。设置差动继电器的动作电流（如图 7-21 所示，参看知识点 4），检查电流互感器 TA6 和 TA7 的变比。

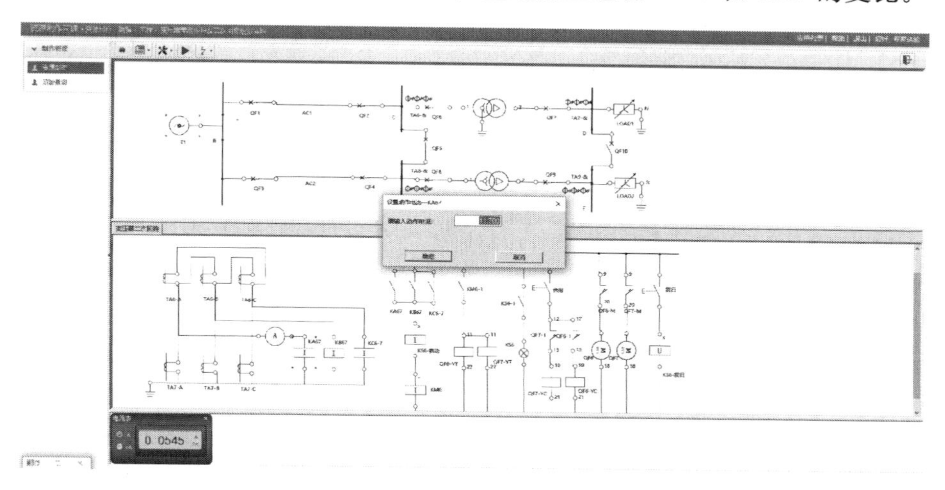

图 7-21　输入差动继电器动作电流界面

（10）变压器合闸并查看变压器额定运行时的电流。

1）QF6 和 QF7 采用变压器二次回路的“合闸”按钮合闸。剩下的断路器在一次回路点击断路器，点击鼠标右键“合上开关”，断路器 QF10 不合闸。右键点击二次回路的电流表可以看差动电流，记录此差动电流（A 相）。用户可以修改二次回路，添加 B 和 C 相的差动电流，数据填入表 7-10。思考：如何修改资源，测量 2 号变压器的差动电流值？

表 7-10　　差动电流数据

变压器额定运行	a	b	c
1 号变压器差动电流（A）			
2 号变压器差动电流（A）			

2）点击工具-运行故障分析，选择“变压器电压电流关注点”，然后执行故障设置。显示如图 7-22 所示。

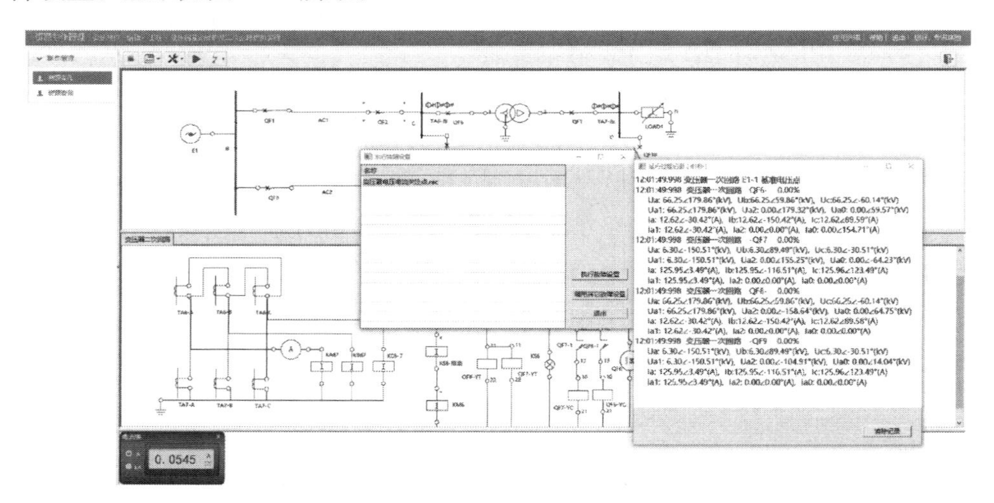

图 7-22　显示电压电流关注点界面

3）将变压器正常运行数据填入表 7-11，并计算此时的变压器高低压侧电流值。

表 7-11　　变压器正常运行数据

变压器额定运行	A	B	C	a	b	c
1 号变压器一次侧电流（A）						
2 号变压器一次侧电流（A）						

（11）设置变压器区外故障观察短路电流及保护动作情况。

1）在主接线回路图中左键点击 D 母线，右键选择设置故障。在弹出对话框选择 A、B、C 三相短路，点击设置故障。

2）记录此时 1 号和 2 号变压器的短路电压和电流，并填入表 7-12。

表 7-12　　　　　　1 号和 2 号变压器短路电压和电流数据

10kV-D 母线三相短路	A	B	C	a	b	c
1 号变压器短路电流（A）						
1 号变压器母线电压（kV）						

3）在主接线回路修改电源 E1，E2 当前运行方式电抗＝5.307Ω（最小运行方式），分别设置 10kV-D 母线的故障为 A、B 相，B、C 相，C、A 相两相短路，记录此时 1 号变压器的短路电压和电流，并填入表 7-13。

表 7-13　　　　　　1 号变压器的短路电压和电流数据

最小方式 10kV-D 母线两相短路	A	B	C	a	b	c
1 号变压器 AB 相短路电流（A）						
1 号变压器 AB 相短路母线电压（kV）						
1 号变压器 BC 相短路电流（A）						
1 号变压器 BC 相短路母线电压（kV）						
1 号变压器 CA 相短路电流（A）						
1 号变压器 CA 相短路母线电压（kV）						

（12）设置变压器区内故障观察差动保护及二次回路动作情况。

1）点击 1 号变压器→设置故障，在弹出对话框选择 ABC 三相短路，再点击“设置故障”，查看变压器二次回路中 1 号变压器高低压断路器动作情况。设置变压器区外故障界面如图 7-23 所示。

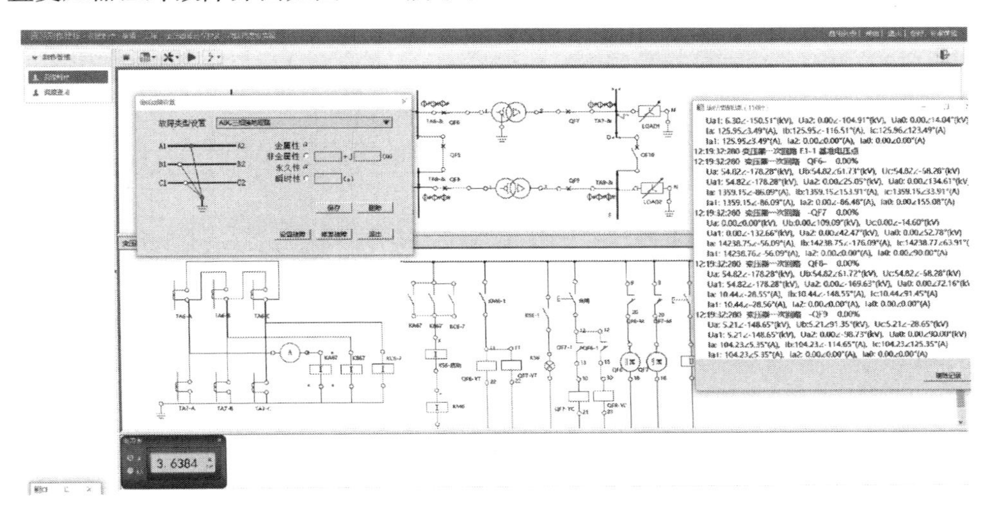

图 7-23　设置变压器区外故障界面

2）点击 1 号变压器→修复故障，修复变压器内部故障，然后在二次回路将变压器高低压侧断路器重新合闸。设置变压器区内故障界面如图 7-24 所示。

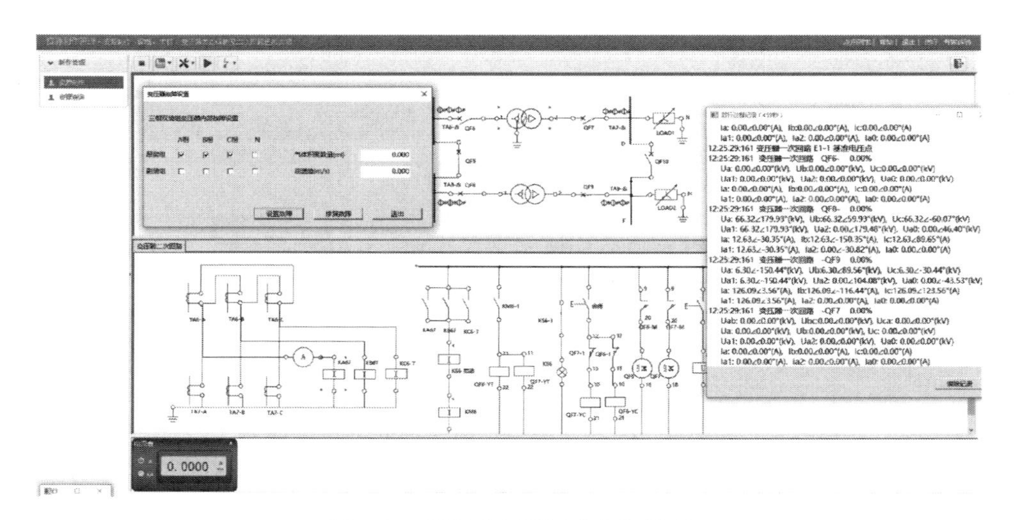

图 7-24　设置变压器区内故障界面

3）分别在最大运行方式三相短路，最小运行方式两相短路时设置 1 号变压器内部故障，记录动作情况和实验现象并填入表 7-14。

表 7-14　　动作情况和实验现象

项目	保护是否动作
三相短路	
两相短路	

（13）电流互感器反接故障测试。

1）在编辑状态设置主变压器高压侧电流互感器反接。

2）在运行状态分别设置变压器区内和区外故障观察差动保护及断路器动作情况，并记录故障现象。

3）在编辑状态设置主变压器高压侧电流互感器恢复正常，主变压器低压侧电流互感器反接。

4）在运行状态分别设置变压器区内和区外故障观察差动保护及断路器动作情况并记录故障现象。

5）在编辑状态同时设置主变压器高压侧电流互感器和低压侧电流互感器反接。

6）在运行状态分别设置变压器区内和区外故障观察差动保护及断路器动作情况并记录故障现象，填入表 7-15。

表 7-15　　故障现象

电流互感器反接	故障情况	保护是否动作
高压侧反接	区内故障	
	区外故障	
低压侧反接	区内故障	
	区外故障	
两侧均反接	区内故障	
	区外故障	

（五）思考题

（1）比较带制动特性差动继电器和不带制动特性差动继电器整定计算有什么不同之处。把继电器改为带自动特性的差动继电器，应该如何整定接线？

（2）请说明差动继电器的穿越制动曲线的作用。

（3）三绕组变压器与两绕组变压器保护的配置有何不同？

（4）变压器差动保护中产生不平衡电流的因素有哪些？

（5）简述变压器差动保护的二次回路继电器动作原理。

案例八　变压器主保护虚拟仿真实验（基于 DCD-5）

（一）实验目的

1. 实验的必要性

继电保护是实现电力系统安全稳定运行的重要保障手段，因此，“电力系统继电保护”一直是电气工程及其自动化专业的一门主干专业课。但目前大多高校的教学仍然停留在传统的教学模式上，即完全依照教材的内容和顺序讲述各保护对象的原理和实现方法，较少学习二次回路。这种传统的教学模式存在以下不足：

（1）继电保护目前的教学重原理，轻实践，重整定，轻电路。据我校大量的毕业生在实际工作中反馈，继电保护技术及其相关的二次回路在实际工作中运用相当广泛，而之前在学校对相关的二次回路的学习，几乎是一片空白。其中主要原因是缺乏相应的实验器材和实验手段，继电保护传统的教学实验多采用常规继电器实现如三段式电流保护、重合闸等简单实验，和实际工程的二次回路差距非常大。所开展实验多为验证性实验，对二次回路读图、识图、接线以及调试训练较少，而这些能力是日常工作中的基本要求。所以在理论和实验教学中，训练学生掌握继电保护二次回路的工作原理和动作过程至关重要。

（2）继电保护目前的教学内容、实验方法相对落后。我国电力行业继电保护技术已经全面进入了微机保护的时代，微机保护的大量投运，改善了电力系统的安全稳定运行的外部条件，同时也给保护实验技术带来了新的影响，需要相应地修改课程教学内容和方法。但微机保护实现较为复杂而且微机保护的基础还是继电器式的传统保护，在继电保护工程运行中，其二次回路更多的还是由继电器来实现，由于看不到二次回路的动作过程，学生不容易理解继电保护二次回路的原理及其相互关系。采用虚拟实验的方法，一方面可以采用动画形式或者文字信息窗的形式展现继电保护二次回路的动作过程，增强学生学习的兴趣，提高学习的效果；另一方面，实际工程的二次回路由于设备和功能较多又显得相当复杂，不具备实验室开展实验的条件，有必要构建虚拟实验来实现，并且构建虚拟实验既要面向实际工程，又要适当简化，在教学内容上要有所取舍，教学方法上要有所创新，才能获得“以学生为中心，虚实结合”的良好效果。

本虚拟实验项目以实际110kV变电站变压器差动保护及二次回路为蓝本，通过构建的虚拟仿真变电站真实场景，采用动画和文字的形式表现差动保护实际二次回路的动作过程，实现在真实教学中无法开展的实际工程实验，即真实变电站大容量变压器保护实验。既避免了传统实验教学中可能接触到高电压、大电流的危险性，同时也避免了变压器和继电保护设备的高成本消耗。还可以通过编辑修改一次二次回路原理图以及设置综合设计测试实验环节，使学生可以自主设计和改进实验，对培养学生的工程设计能力、创新思维和创新能力，具有重要的现实意义。

2. 实验目的

(1) 熟悉典型110kV变电站的真实运行场景，通过变压器的正常运行和短路故障实验，记录和观察正常运行和故障时电压、电流数值、实验现象及实验数据，理解变压器故障过程及变压器差动保护工作原理。

(2) 熟悉和掌握变压器差动保护装置定值计算与整定配置方法、模拟变压器故障设置及继电保护实验的操作方法。

(3) 理解和掌握变压器差动保护的二次回路动作过程。掌握二次回路端子排的原理和实际工程连接方式。

(4) 熟悉二次回路识图与接线、差动保护二次回路动作情况和顺序，通过设置二次回路故障（比如断路器拒动，电流互感器极性反接等）并进行故障处理，加深对二次回路工作原理的理解。

（二）实验原理

1. 实验原理

虚拟实验系统的基本原理是：根据模拟典型电网主接线，利用独立运行的仿真计算软件构建模拟电网计算模型，并进行正常运行及故障情况下电压、电流及保护装置行为的数值仿真模拟计算，模拟电网运行过程中的各种故障现象；构建继电保护与二次回路的仿真模型，采用动画和文字信息的形式显示差动保护与二次回路的动作行为，生成电网实时运行基础数据，存储于数据服务器。虚拟现场一次回路和二次回路接线，通过继电保护与二次回路不同定值参数的计算与整定设置，观察和分析继电保护与二次回路的动作情况，理解变压器主保护与二次回路的原理。最后设置一些简单的二次回路故障，比如断路器拒动、电流互感器极性反接等并进行故障处理。利用Web服务器实现基于B/S(Browser/Server，浏览器/服务器模式）结构的实验课程远程教学。

2. 相关知识点

（1）典型 110kV 变电站的运行环境（知识点 1）：参见案例七的 110kV 变电站的运行环境。

（2）短路电流计算（知识点 2）：参见案例七的 110kV 变电站的短路电流计算结果。

（3）变压器保护的配置（知识点 3），内容如下。

1）变压器主保护的配置。变压器主保护由差动保护和气体保护构成。本项目采用 DCD-5 差动继电器构成双绕组变压器差动保护。差动保护单相接线示意图由图 8-1 所示，需要说明的是三相系统高压侧电流互感器要接成三角形，低压侧电流互感器要接成星形。由图 8-1 中定义的电流正方向可得，流过工作绕组的电流 $I_d=I_2-I_3$。正常运行和区外故障 I_2 和 I_3 大小基本相等，方向相同 $I_d\approx 0$，差动继电器不动作。区内故障时 $I_3=0$，$I_d=I_2=I_k$（短路电流），差动继电器动作。

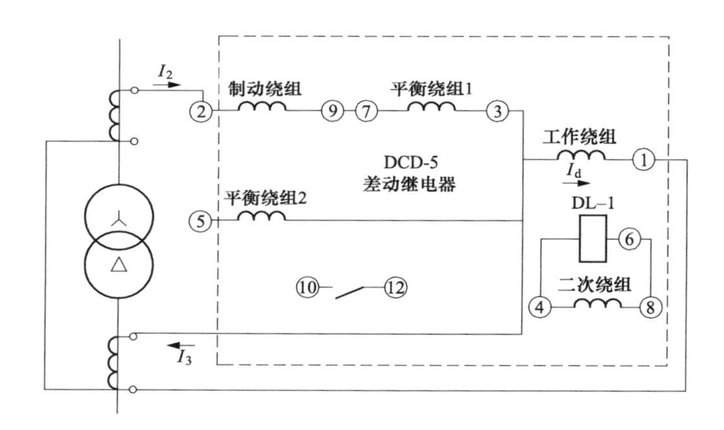

图 8-1　双绕组变压器差动保护示意图（单相）

气体保护由气体继电器构成，轻瓦斯发信号，重瓦斯动作于跳闸。

2）变电站的主接线。变电站主接线如图 8-2 所示。电源、输电线路、主变压器的参数见表 7-3。两台容量相同的主变压器 SF11-31500/110-10.5，额定容量 31 500kVA。高压侧 110kV，低压侧 10.5kV，高低压侧均采用单母线分段接线。110kV 进线 2 回，10.5kV 出线 4 回。高压侧配电装置采用气体绝缘封闭组合电器（gas insulated switchgear，GIS），低压侧配电装置采用手车式开关柜。为简明起见，案例只有 1001 和 1003 线接有负载。当然用户也可以编辑修改 4 条线均带有负荷，需要计算变压器 T1 和 T2 额定运行时负载的大小和相位角。

3）变压器保护组屏方案。本实验包括三个场景，变电站场景、控制室（110kV）和 10kV 配电房。

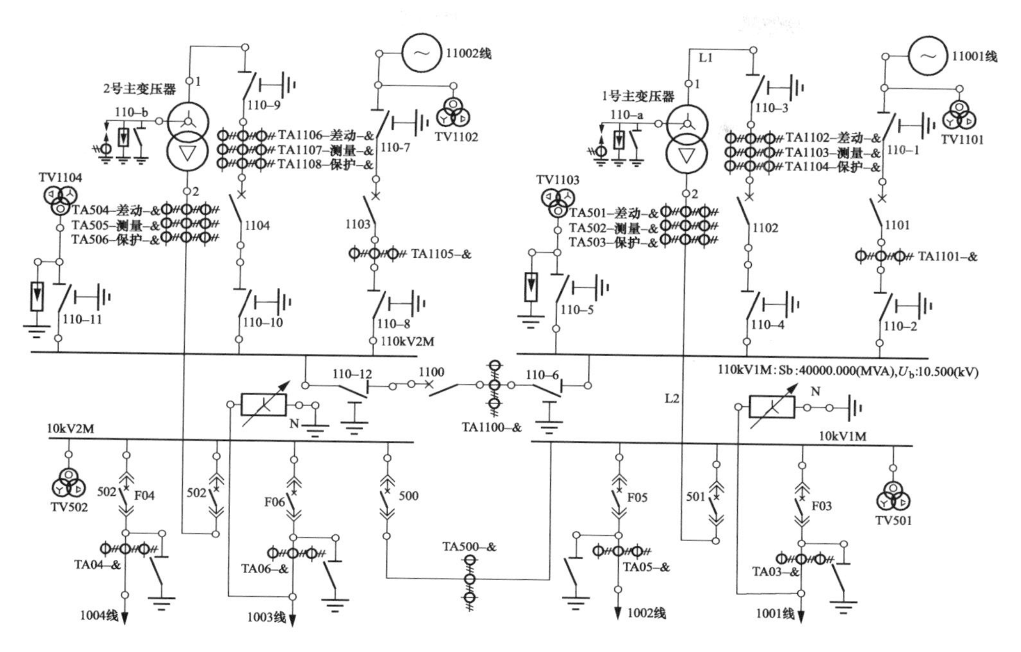

图 8-2　变电站主接线图

变电站的设备包括：110kVGIS 配电装置，110kVGIS 测控柜，主变压器等。

控制室（110kV）设备包括：1 号、2 号变压器保护柜，1 号、2 号变压器测控柜，110kV 母联操作柜，备用柜等。

10kV 配电房设备包括：1 号高压开关柜（501）、2 号高压开关柜（502）、10kV 母联开关柜（500）、1001 出线柜、1002 出线柜、1003 出线柜、1004 出线柜、备用柜等。

110kV 的设备组屏方案示意图如图 8-3 所示。

10kV 配电房的设备组屏方案示意图如图 8-4 所示。

（4）变压器差动保护的整定计算（知识点）4，内容如下。

1）变压器差动保护的作用及保护范围。变压器差动保护作为变压器的主保护，其保护区是构成差动保护的各侧电流互感器之间所包围的部分。包括变压器本身、电流互感器与变压器之间的引出线。

2）变压器参数计算。变压器型号及铭牌参数见表 7-3，由此计算变压器额定电流并选择电流互感器变比见表 7-7。

3）整定 DCD-5 差动继电器的动作电流。参考案例七，根据工程使用整定计算，取动作电流：

$$I_{dz}=\max\{I_{dz1},I_{dz2},I_{dz3}\}=\max\{405.7,289.2,289.2\}=405.7\text{A}$$

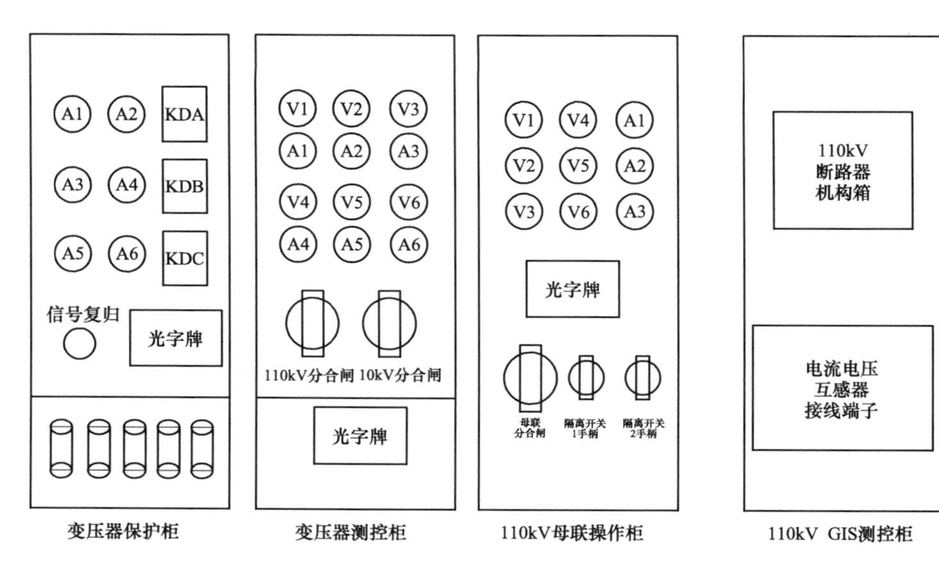

图 8-3　110kV 二次设备组屏方案示意图

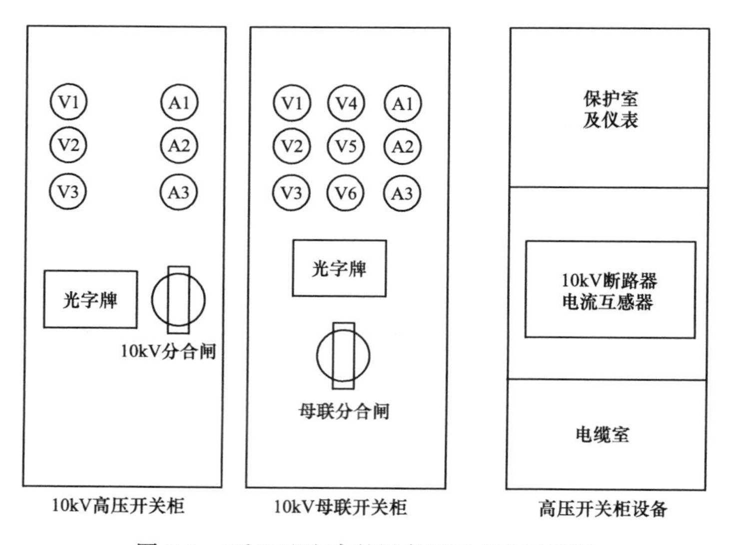

图 8-4　10kV 配电房的设备组屏方案示意图

4）求工作绕组的匝数。

基本侧二次动作电流计算值：

$$I_{op}=I_{dz}K_{jx}/N_{TA}=405.7\times\sqrt{3}/60=11.71\text{A}$$

工作绕组计算匝数（AW=60 安匝）：

$$W_d=\frac{AW}{I_{op}}=\frac{60}{11.71}=5.12\text{ 匝}$$

取比计算匝数偏小的整数，取工作绕组 $W_{dset}=5$ 匝

继电器实际动作电流：$I_{set}=60/5=12A$

5）求平衡绕组的匝数。双绕组变压器，仅使用一个平衡线圈，用 W_{b1} 平衡电流互感器变比不匹配导致的不平衡电流：

$$W_{b1}=\frac{I_{N2}(110kV)}{I_{N1}(10.5kV)}W_{wset}-W_{dset}=\frac{4.77}{4.33}\times 5-5=0.51$$

取平衡绕组 $W_{bset1}=0$ 匝

6）计算制动绕组匝数和制动系数（按 10.5kV 母线短路）。

$$K_{res}=\frac{I_{w}}{I_{res}}=K_{rel}\frac{I_{unb.max}}{I_{res.max}}=1.3\times\frac{(0.1+0.05+0.0927)\times 1287}{1287}=0.316$$

制动绕组计算匝数：

$$W_{rse}=\frac{(W_{b}+W_{d})}{n}K_{res}=\frac{(0+5)}{0.9}\times 0.316=1.76$$

取制动绕组 $W_{rse}=2$ 匝

7）计算整定匝数和计算匝数不等产生的相对误差：

$$\Delta f_{za}=\frac{W_{b1}-W_{bset}}{W_{b1}+W_{dset}}=\frac{0.51-0}{0.51+5}=0.0926$$

8）灵敏度校验。

$$I_{k.110kV}=1.5\times 1006\times 1.155/60=29.04A$$

$$K_{sen}=\frac{I_{k.110kV}(W_{bset}+W_{dset})}{AW}=\frac{29.04\times(0+5)}{60}=2.42>2$$

所以，整定工作绕组=5 匝，平衡绕组 1=平衡绕组 2=0 匝，制动绕组=2 匝

（5）变压器差动保护二次回路接线及动作情况（知识点 5），具体内容如下。

1）变压器主保护二次回路。变压器主保护二次回路如图 8-5 所示。

DCD-5 差动继电器可用于三绕组变压器的三侧电流差动保护。用于本实验中的两圈变压器模型时，5 号输入端子空接即可。变压器高压侧电流互感器采用三角形接线，低压侧电流互感器采用星形接线。差动保护装置不需采集母线电压数据。差动保护二次回路如图 8-5 所示。高低压侧的电流互感器二次回路不在本图，详见 110kV 互感器二次端子二次回路（图 8-6）和高压开关二次回路（图 8-7）。它们之间的连接通过二次回路端子排（详见知识点 6）来实现。

2）110kV 互感器接线端子二次回路。110kV 互感器二次回路来自 110kV GIS 测控柜，此处将多个互感器简化成一个图纸，如图 8-6 所示。包括进线 1 的 TA1101(接成星形)，变压器 T1 的 TA1102(接成三角形用于差动保护)，TA1103(接成星形用于测量)，TA1104(接成星形用于后备保护)。进线 2 的 TA1103(接成星形)，变压器 T2 的 TA1106(接成三角形用于差动保护)，

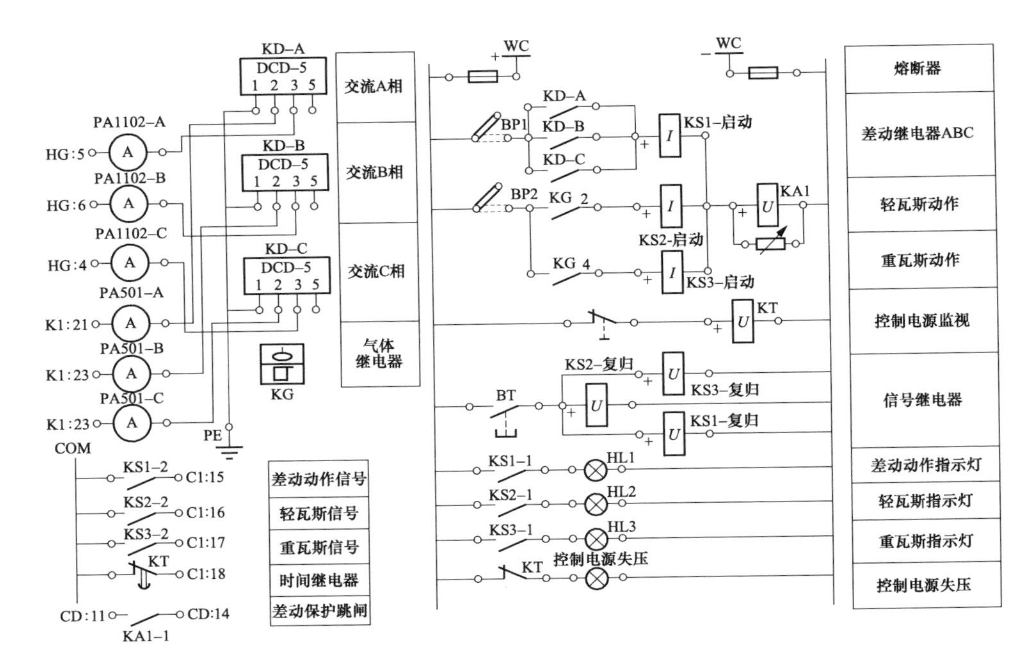

图 8-5 变压器主保护二次回路图

TA1107(接成星形用于测量)，TA1108(接成星形用于后备保护)。电压互感器都采用三相五柱式电压互感器，二次侧分别接成星形和开口三角形。包括进线 1 的 TV1101，110kV 母线 1 的 TV1103；进线 2 的 TV1102，110kV 母线 2 的 TV1104。

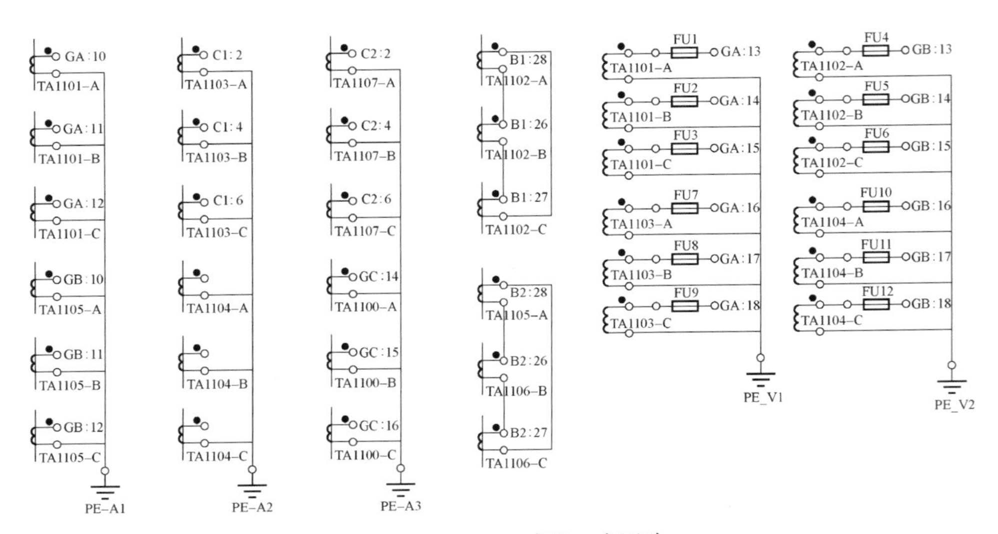

图 8-6 110kV 互感器二次回路

3）10kV 高压开关二次回路。10kV 高压开关二次回路来自 10kV 高压开关柜，如图 8-7 所示。包括交流回路和直流回路。其中 TA501 接成星形用于差动保护，TA502 接成星形用于电流测量。TV510 也采用三相五柱式电压互感器，二次侧分别接成星形和开口三角形。这里只画了星形的接法，用于 10kV 母线 1 的电压测量。

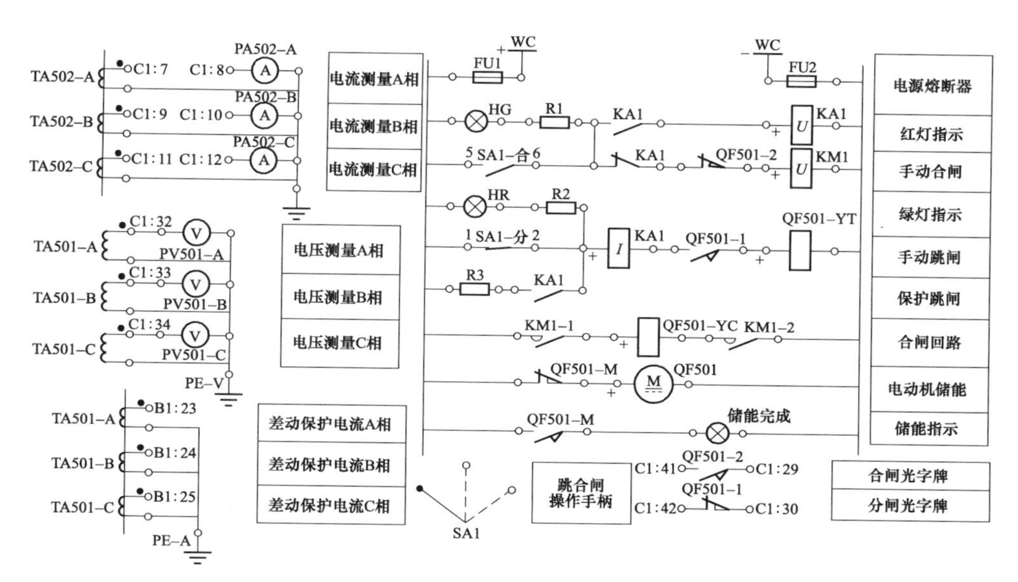

图 8-7　10kV 1 号高压开关二次回路

直流回路包括跳合闸回路、断路器状态指示灯、弹簧储能电动机等设备。

4）110kV 断路器操动机构二次回路。110kV 断路器操动机构来自 110kV GIS 测控柜，其二次回路如图 8-8 所示（单个断路器）。实际图纸包括 110kV 断路器 1101、1102、1103、1104 以及 110kV 母联断路器 1100 共 5 个二次回路。为查看方便将这 5 个图画在了同一张图纸上面。

（6）二次回路端子排及柜连线（知识点 6）。端子排，意为承载多个或多组相互绝缘的端子组件并用于固定支持件的绝缘部件。端子排的作用就是将二次回路的屏内设备和屏外设备的线路相连接，起到信号（电流电压）传输的作用。有了端子排，使得接线美观，维护方便，在远距离线之间的联接时主要是牢靠，施工和维护方便。端子排识图需注意：

1）认识元件及元件编号、功能。标准端子排图的元件编号在图纸中应具有唯一性，这点应特别注意，在几张图纸中，可能只有一张图纸上标有元件功能及所处位置，在其他图中并未说明。

2）端子排（左右两侧相通）。端子排在图纸中起到至关重要的作用，看懂端子排是看懂二次回路的前提。在编辑“变压器主保护二次回路”状态下点击

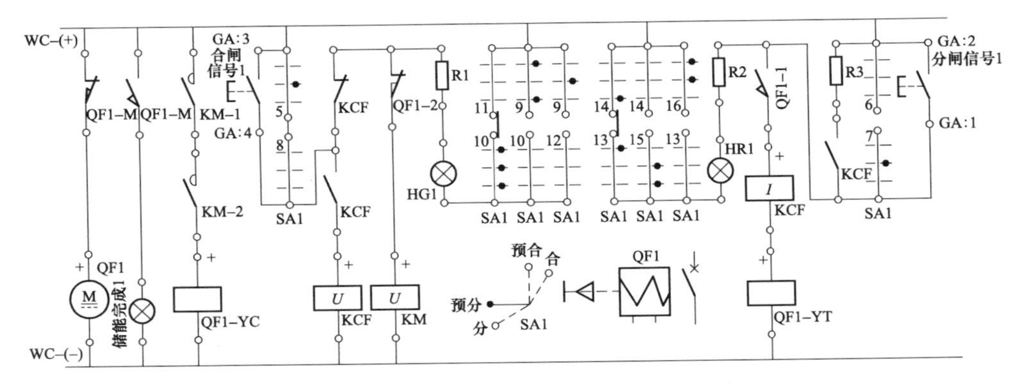

图 8-8　110kV 断路器操动机构二次回路（单个）

鼠标右键，选择显示端子排，就会出现图 8-9。以该图为例，B1 是端子排编号，“1 号变压器主保护二次回路”是端子排名称。端子排有 3 列，最左边一列表示屏外设备的连接端子，中间一列数字表示端子排的编号。最右边一列表示屏内设备的连接端子。比如：第 11 号端子（中间一列），左边的 CD:11 表示连接 CD 端子排的 11 号接线端子，右边的 B16:1 表示连接屏内 B16 号设备的 1 号端子。

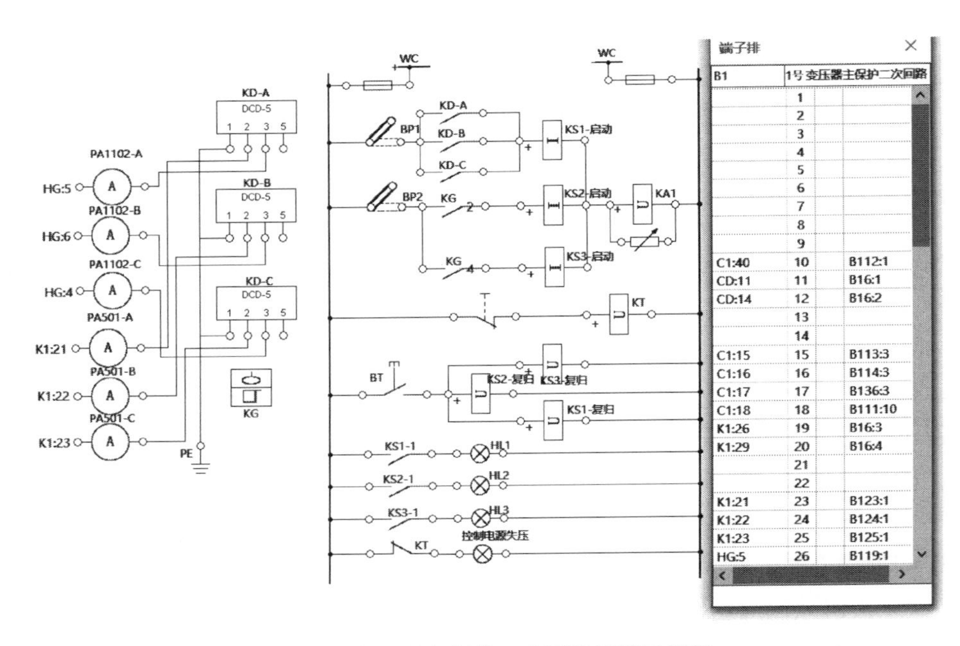

图 8-9　变压器主保护二次回路及端子排图

3）需要注意的是，为了保证二次回路设备的唯一性，这里的屏内设备编号标注采用了间接标注法，与标准端子排设备标注有一定差别。B16 号设备是系统内部的唯一编号，它究竟表示二次图中的哪一个设备，需要查保护柜连线图（见图 8-10）。在图 8-10 中的右侧有一个设备对应表，我们可以清楚地看到 B16 设备表示该二次回路图的 KA1 中间继电器。

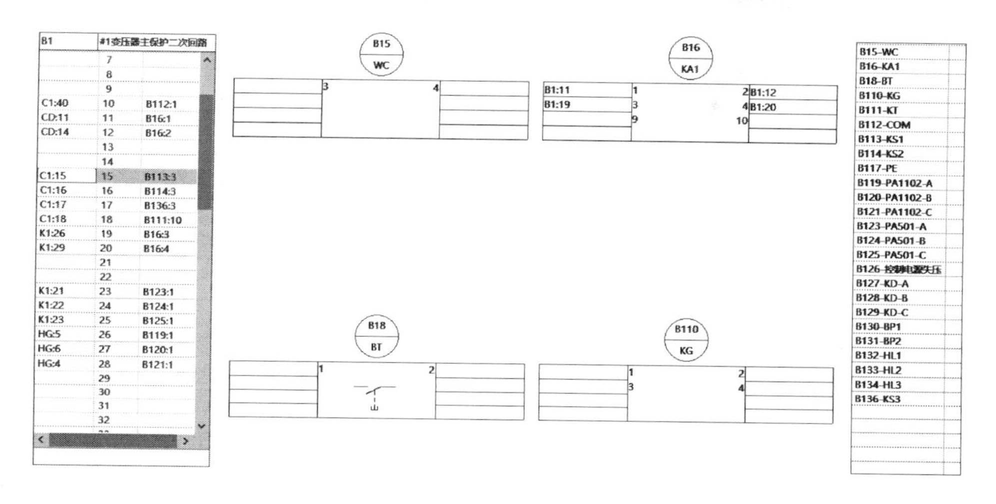

图 8-10　变压器主保护柜连线及端子排图

本次实验在编辑状态打开柜连线菜单，就可以编辑端子排的连接设备（左侧和右侧均可以编辑），从而达到改变二次回路接线的目的。

（7）典型二次回路故障及处理（知识点 7）。二次回路常见故障中，某些会影响保护装置的动作准确度性，例如电流回路断线、断路器辅助触点未正确变位；某些会影响针对断路器控制回路的操作，例如控制回路断线、弹簧未储能、电流互感器反接、断路器拒动等。

本实验可以模拟某个继电器拒动、电流互感器二次回路断线，电流互感器反接，断路器拒动等故障。通过分析其实验现象，可以查找故障的原因及其故障位置。

（三）实验内容

1. 实验对象

本实验所针对的继电保护装置为虚拟的“变压器保护屏”“变压器测控屏”等二次系统上的设备，变电站一次回路及二次回路均可以编辑和修改。此外还有变电站的变压器、110kV GIS 设备、10kV 高压开关柜、控制室等三维场景。比如 110kV 变电站三维场景如图 8-11 所示，控制室三维场景如图 8-12 所示。

实验中根据系统运行参数的设定，计算和设定变压器差动保护装置的定值，通过故障模拟实验测试，针对 110kV 变电站实验变压器差动保护的继电保护装置保护功能进行实验测试验证，分析实验现象，理解差动保护设备和二次回路

图 8-11　110kV 变电站三维场景

图 8-12　110kV 变电站控制室三维场景

的工作原理。

2. 保护装置的定值参数

变压器差动保护（DCD-5）的定值参数见表 8-1。

表 8-1　变压器差动保护（DCD-5）的定值参数

绕组	高压侧电流互感器变比	低压侧电流互感器变比	匝数
工作绕组	300/5	2000/5	5
平衡绕组 1			0
平衡绕组 2			0
制动绕组			2

3. 二次回路动作情况

设置变压器区内和区外故障，通过二次回路的动画或者文字信息窗口观察变压器差动保护动作情况，观察差动保护二次回路相关继电器动作的顺序。通过对不同故障类型的模拟，了解带制动特性的差动继电器的动作机制。

观察差动保护动作后出口继电器的状态变化、主变压器各侧断路器的控制回路的导通情况，掌握差动保护动作后对区内故障点的隔离措施。

4. 二次回路故障设置及故障处理

模拟差动保护所用电流互感器二次绕组极性反接时的接线，观察正常运行、区内故障、区外故障时电流矢量的变化和差动保护的动作情况。

模拟不同组成部分可能造成断路器拒动的故障，主要按照断路器本体故障、断路器机构二次回路故障、操作箱故障等原因分析其对二次回路的影响。

（四）实验步骤

（1）110kV 变电站变压器主保护虚拟仿真实验系统登录。

在浏览器（需采用 IE11 浏览器）上输入实验课程网址（虚拟仿真实验系统主页地址），进入实验课程主页，输入用户名和密码，没有用户名密码需要先注册。专家账号可以直接登录，不需要注册。点击“登录”进行 Web 页面登录。（注意：首次登录需要下载安装插件，成功安装插件以后才能正确登录）正确登录以后应该显示图 8-13 所示的界面。

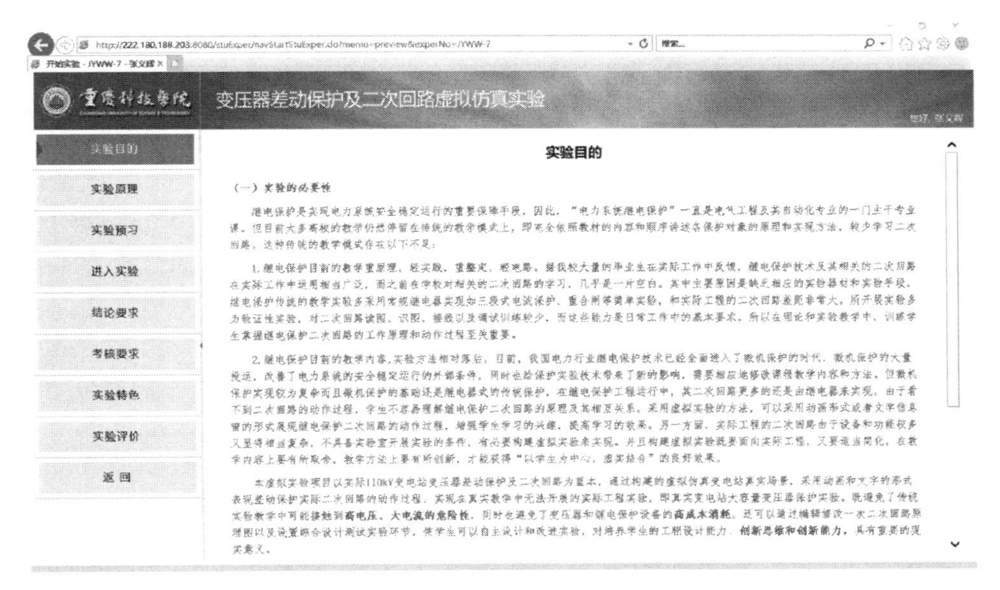

图 8-13　登录界面

（2）熟悉虚拟实验环境与虚拟实验设备菜单。

1）进入系统先查看“实验目的”“实验原理”“实验预习”等栏目，熟悉实验原理并做实验预习题。

2）选择“进入实验”菜单，点击进入实验选项。

3）然后出现工程图形界面（见图 8-14）。将鼠标停留在图形菜单上，会出现该菜单的功能提示。重要提示：如果用户在实验过程中错误修改了资源，导致实验无法正确进行，可以点击“返回”按钮，在“进入实验”菜单选择“重新实验”，实验将重新初始化并从头开始。如果此时选择“继续实验”将继续进行原来的实验。

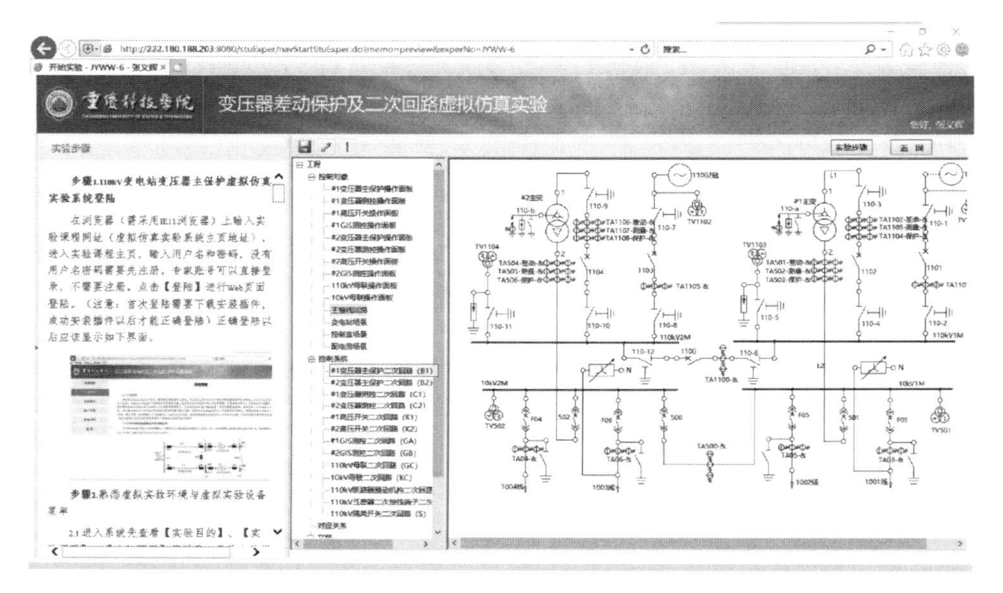

图 8-14　进入工程图形界面

4）选择“实验步骤”菜单（见图 8-15），会出现当前实验步骤的提示。实验步骤可以选择关闭和显示。

5）在图形界面的中下位置是工程文件名称，分为控制对象，控制系统，对应关系，内部文档及文档六个部分。控制对象包括实验的场景、变电站一次回路图等。控制系统由变电站各种二次回路图构成。对应关系是指不同对象之间对应的关系，比如断路器一次回路和操动机构对应关系，电流互感器电压互感器一次、二次回路对应关系等。内部文档主要用于变电站内部复杂操作，比如变电站各种断路器合闸和信息观察窗的设置文件等。文档是本次实验所需的各种文档 Word、Excel 等文档。其中有个名为“变压器保护最新文档”的 Word 文档，用户可以打开该文档查看详细的实验原理实验步骤等。

6）每个对象都可以进行编辑，比如鼠标点击主接线回路，等右下窗口出现主接线时，再点击“编辑资源”菜单，就可以编辑主接线。

（3）熟悉资源编辑菜单及编辑各种资源。

1）编辑主接线回路。如图 8-16 所示。界面中区域 1 为电力系统一次回路可

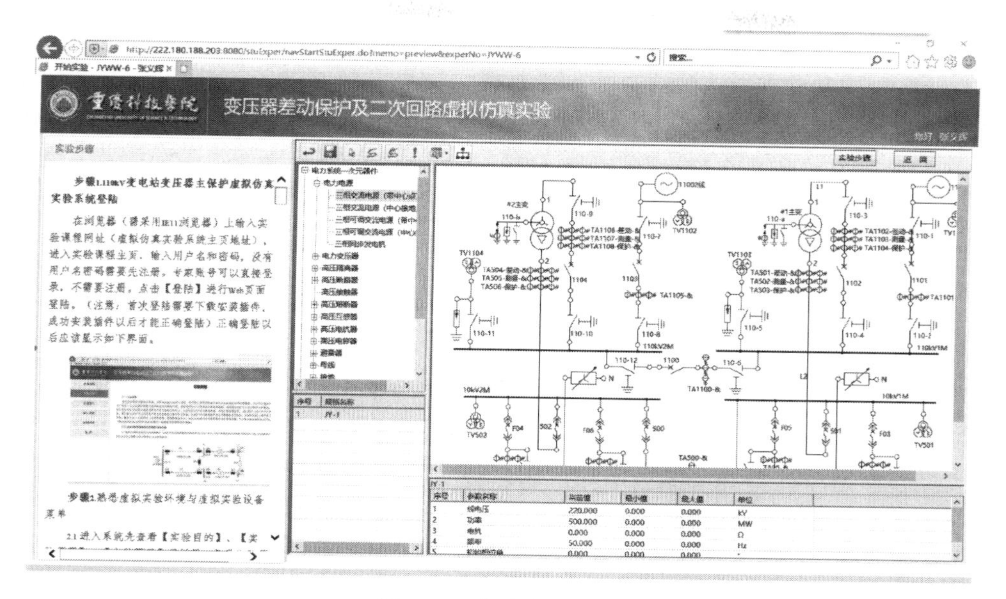

图 8-15　实验步骤界面

选用的元器件列表，区域 2 为已选的元器件不同的规格列表，区域 3 为元器件参数显示框，区域 4 为一次回路编辑区。

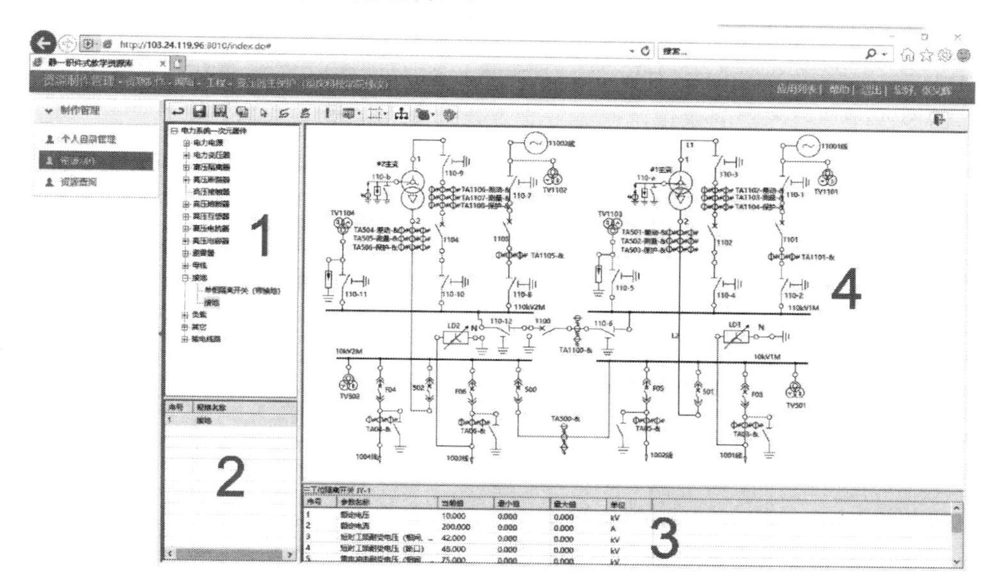

图 8-16　编辑主接线界面

2）例如在区域 1 中点选：电力系统一次元器件→电力电源→三相交流电源（带中性点），然后选择区域 2 的规格 JY-1，在区域 3 会出现该电源的属性参数。鼠标点击区域 2 的 JY-1，并将其拖动到区域 4，就会出现该电源的图形（为了不修改电路，此处建议不添加任何元件，已经添加的可以选中元件再删除）。

3）鼠标右键点击电源（11001线和11002线），选择“设置规格参数”可以修改其参数，选择“设置运行方式”可以修改电源不同运行方式的阻抗。此处的规格参数是按表4电源参数（有名值）设置的。

4）本实验一次回路及二次回路都已经编辑完成，用户一般不用修改电路。但可以修改某些元件的参数。

5）检查并修改一次回路的两个电源参数，变压器参数，输电线路参数见表2-4。注意所有参数都是有名值，不是标幺值。修改1号变压器主保护二次回路和2号变压器主保护二次回路中的DCD-5差动继电器的整定值为5、0、0、2匝（详见保护原理）。

6）编辑完一次（二次）回路资源点击“保存”，然后“返回”可以退出编辑状态。

（4）运行工程并进行变电站合闸操作。

1）在工程界面中点击运行菜单，运行工程，进入运行状态。特别注意：在进入运行状态时需要等待程序加载，有一定延时，此时不能点击鼠标或键盘，避免系统死机。

2）默认进入变电站场景。点击“面板”→“视角”出现变电站的不同视角。默认两个视角，一个是控制室，另一个是110kV GIS测控柜。选择第二个视角，鼠标双击某个GIS测控柜，出现测控操作面板，可以对相应的隔离开关断路器进行分闸和合闸操作（鼠标左键左旋，右键右旋）。

3）点击“工具”→“执行设置”指令。

4）在弹出菜单中选择变“变电站合闸 .cm”，点击“执行指令设置”按钮。进行整个变电站自动合闸操作。也可以按照操作规程手动进行变电站合闸。

5）点击“控制系统”→“主接线回路”指令，在弹出的主接线图中确认变电站已经合闸。

6）假设每条10kV母线带一个出线负荷且功率因数为0.9，计算变压器刚好额定运行时的负荷阻抗值，并在主接线回路设置负荷阻抗（每相）的大小及功率因数角。

$$S_{\mathrm{N}}=\sqrt{3}U_{\mathrm{N}}I_{\mathrm{N}}\Rightarrow 31\ 500=\sqrt{3}\times 10.5\frac{10.5}{\sqrt{3}Z}\Rightarrow Z=3.5\Omega$$

$$\varphi=\cos^{-1}(0.9)=25.8^{\circ}$$

（5）进入控制室查看变压器额定运行时变电站的电气参数。

1）选择第一个视角，右键点击控制室房间大门，选择“进入控制室”指令。此时系统会加载一段时间，请耐心等待。

2）右键点击1号变压器保护柜，选择“1号变压器主保护操作面板”指令。

出现 1 号变压器主保护操作面板（见图 8-17）。图 8-17 中右侧是 3 个 DCD-5 差动继电器。左侧 6 个电流表分别测量的是高压侧（110kV）和低压侧（10.5kV）ABC 三相流入差动继电器二次侧的电流值。下部是复归按钮和两个保护压板。

3）将变压器正常运行数据填入表 8-2，并计算此时的变压器高低压侧电流值。

4）同理选择“2 号变压器主保护操作面板”指令，查看数据并填入表 8-2。

表 8-2　　变压器正常运行数据

变压器额定运行	A	B	C	a	b	c
1 号变压器差动回路电流（A）						
1 号变压器一次侧电流（A）						
2 号变压器差动回路电流（A）						
2 号变压器一次侧电流（A）						

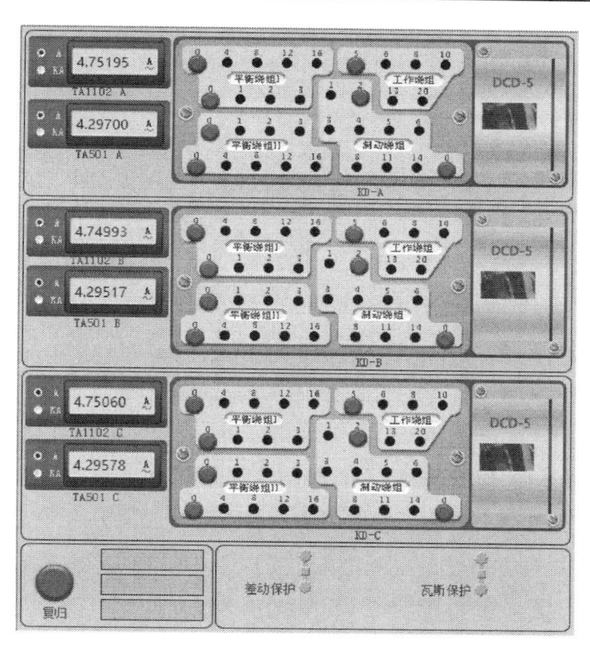

图 8-17　1 号变压器主保护操作面板

5）计算此时 1 号、2 号变压器高压侧和低压侧的实际运行容量 S1 和 S2。

（6）在控制室查看变压器额定运行时变电站的电气参数。

1）右键点击 1 号变压器测控柜，选择“1 号变压器测控操作面板”指令。1 号变压器测控操作面板图中上部 6 个电压表分别测量的是高压侧母线（110kV）和低压侧母线（10.5kV）ABC 三相相电压。6 个电流表分别测量的是高压侧母线（110kV）和低压侧母线（10.5kV）ABC 三相电流。下部是光字牌和两个分合闸操作开关。

2）查看变压器高低压侧电压电流（见图 8-18）并填入表 8-3。ABC 为高压侧，abc 为低压侧。

表 8-3　　变压器高低压侧电压电流数据

变压器额定运行	A	B	C	a	b	c
1 号变压器电流（A）						
2 号变压器电流（A）						
1 号变压器相电压（kV）						
2 号变压器相电压（kV）						

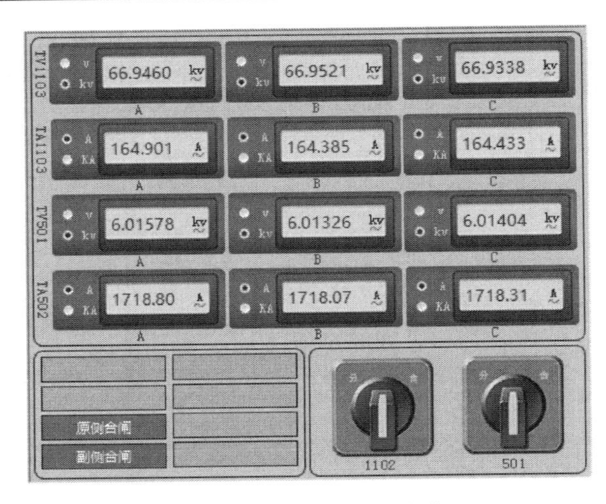

图 8-18　电压电流表读数

3）计算此时 1 号、2 号变压器高压侧和低压侧的实际运行容量 S_1 和 S_2。

（7）进入 10kV 配电房查看正常运行时变电站的电气参数。

1）右键点击配电房大门，选择“进入配电房”指令。

2）右键点击 1 号高压开关柜，选择“1 号高压开关操作面板”指令，出现 1 号高压开关操作面板，分别显示 TV501 的一次侧 ABC 三相电压和 TA502 的一次侧 ABC 三相电流，查看并填入表 8-4。

3）再分别查看 2 号高压开关柜电流、2 号母线相电压，并填入表 8-4。

表 8-4　　开关柜的电流值

项　　目	A	B	C
1 号高压开关柜电流（A）			
1 号母线相电压（kV）			
2 号高压开关柜电流（A）			
2 号母线相电压（kV）			

4）计算此时 1 号、2 号高压开关柜的运行容量 S_1 和 S_2。

（8）设置并检查一次二次回路的参数。

1）点击“控制系统”→“主接线回路”菜单，弹出主接线回路图。

2）鼠标左键点击元件，再右键选择相应设置。设置并检查电源 E1 和 E2 的当前运行方式电抗为 3.338Ω（最大运行方式）；线路长度 AC1＝25km，线路长度 AC2＝29km；检查变压器参数符合表 3 的设置。注意所有参数都是有名值，不是标幺值。

3）在控制室点击“控制系统”→“1 号变压器主保护二次回路”菜单，弹出变压器保护二次回路图。

4）鼠标左键点击 DCD-5 差动继电器，再右键选择“设置匝数”。确认工作绕组，平衡绕组 1，平衡绕组 2，制动绕组匝数分别为 5、0、0、2 匝。

5）同理检查并设置 2 号变压器差动继电器匝数分别为 5、0、0、2 匝。

（9）设置变压器区外故障观察短路电流及保护动作情况

1）点击“控制系统”→“主接线回路”菜单，在主接线回路图中左键点击 10kV 1M 母线，右键选择设置故障。在弹出对话框选择 ABC 三相短路，点击设置故障。

2）右键点击 1 号变压器测控柜，选择“1 号变压器测控操作面板”指令。记录此时 1 号变压器的短路电压和电流，填入表 8-5，并计算 1 号变压器短路容量。

表 8-5　　1 号变压器的短路电压和电流

10kV 1M 母线三相短路	A	B	C	a	b	c
1 号变压器短路电流（A）						
1 号变压器母线电压（kV）						

3）选择“控制系统”→“1 号变压器主保护二次回路”，点击 KD-A 差动继电器，选择“观察数据”，记录电流 I_2、I_3、制动安匝、最小动作安匝、当前动作安匝。再点击 KD-B、KD-C 并记录数据，填入表 8-6 并分析差动保护是否动作。

表 8-6　　I_2、I_3、制动安匝等数据

10kV 母线三相短路	I_2(A)	I_3(A)	制动安匝	最小动作安匝	当前动作安匝	是否动作
KD-A						
KD-B						
KD-C						

4）数据记录完成以后点击“控制系统”→“主接线回路”菜单，在主接线

回路图中左键点击 10kV 1M 母线，右键选择设置故障。在弹出对话框选择修复故障。

5）在主接线回路修改电源 E1 和 E2 的当前运行方式电抗为 5.307Ω(最小运行方式)，分别设置 10kV 1M 母线的故障为 A、B，B、C，C、A 两相短路，记录此时 1 号变压器的短路电压和电流，并填入表 8-7，计算此时 1 号变压器短路容量。

表 8-7　　1 号变压器的短路电压和电流

最小方式 10kV 1M 母线两相短路	A	B	C	a	b	c
1 号变压器 AB 相短路电流（A）						
1 号变压器 AB 相短路母线电压（kV）						
1 号变压器 BC 相短路电流（A）						
1 号变压器 BC 相短路母线电压（kV）						
1 号变压器 CA 相短路电流（A）						
1 号变压器 CA 相短路母线电压（kV）						

6）参照步骤 3）记录 10kV 1M 母线发生最小运行方式两相短路差动继电器动作数据。分别查看 KD-A、KD-B、KD-C 继电器数据，填入表 8-8 并分析差动保护是否动作。实验完成以后修复故障。

表 8-8　　继电器数据

差动继电器	短路情况	I_2(A)	I_3(A)	制动安匝	最小动作安匝	当前动作安匝	是否动作
KD-A 继电器	10kV AB 相短路						
	10kV BC 相短路						
	10kV CA 相短路						
KD-B 继电器	10kVAB 相短路						
	10kV BC 相短路						
	10kV CA 相短路						
KD-C 继电器	10kV AB 相短路						
	10kV BC 相短路						
	10kV CA 相短路						

（10）设置变压器区内故障观察差动保护及二次回路动作情况。

1）进入控制室。点击“工具”→“信息观察窗”，在弹出窗口勾选“有关注点文件”，选择“变压器保护信息观察窗”文件，再点击信息观察，出现断路器及继电器的动作情况信息观察窗，如图 8-19 所示。通过该窗口可以查看继电器的动作情况及先后顺序。

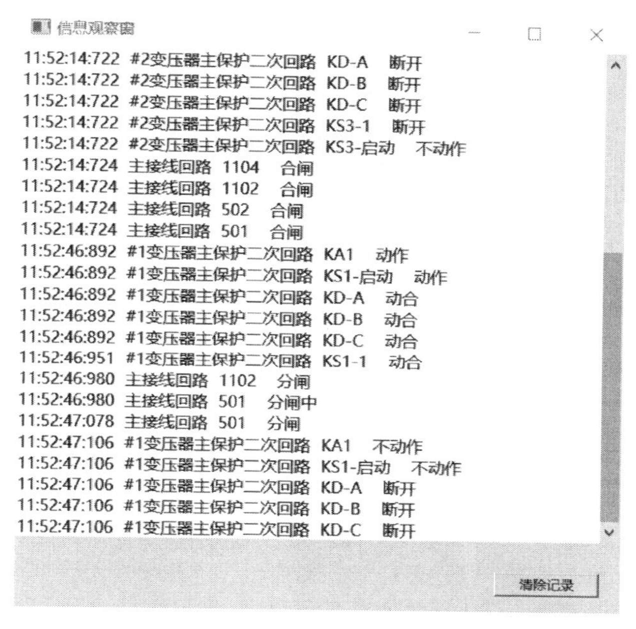

图 8-19　断路器及继电器的动作情况信息观察窗

2）点击“设置故障”→“1 号主变压器故障设置”，在弹出对话框选择 ABC 三相短路，再点击“设置故障”。然后点击“主接线回路”，查看 1 号变压器高低压断路器动作情况。观察信息观察窗各继电器的动作情况。

3）点击“1 号变压器测控操作面板”，观察光字牌状况。

4）点击“1 号变压器主保护操作面板”，观察光字牌状况。然后点击“复归”红色按钮。

5）点击“设置故障”→“1 号主变压器故障设置”，修复变压器内部故障。

6）点击“1 号变压器测控操作面板”，出现图 8-20 所示的界面。将断路器 1102 和 501 重新合闸（手柄右旋合闸，左旋分闸）。需要特别注意的是：由于断路器事故跳闸，此处只能在测控面板合闸，不能在一次回路合闸。否则会出现逻辑错误。导致实验错误。

7）分别在最大运行方式三相短路、最小运行方式两相短路时设置 1 号变压器内部故障，记录动作情况和实验现象并填入表 8-9。注意：每次实验合闸前请修复故障再合闸。并且只能在 1 号变压器测控操作面板进行合闸，不能在主接线图合闸。

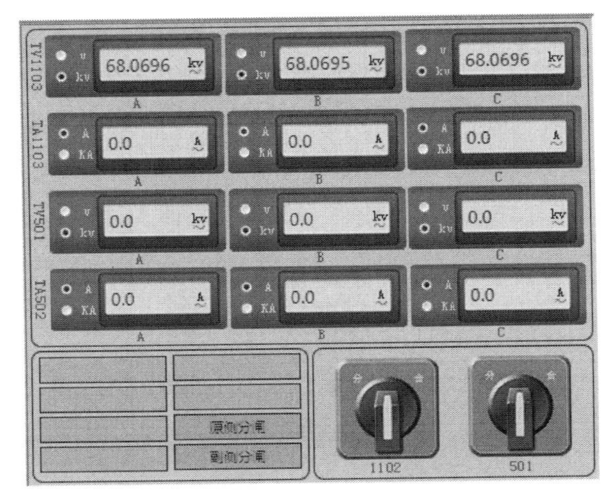

图 8-20　操作面板的分合闸界面

表 8-9　　动作情况和实验现象

项目	测控柜光字牌	保护柜光字牌	点击复归	保护是否动作
三相短路				
两相短路				

（11）设置气体继电器观察气体保护及二次回路动作情况。

1）在控制室点击“控制系统”→“1 号变压器主保护二次回路”菜单，弹出变压器保护二次回路图。点击气体继电器 KG，设置气体继电器整定值为气体数量为 100mL 和油速为 1m/s。

2）点击“设置故障”→“1 号主变压器故障设置”，在弹出对话框设置气体积聚数量大于 100mL，再点击“设置故障”。然后点击“主接线回路”，查看 1 号变压器高低压断路器动作情况。观察 1 号变压器测控柜和 1 号变压器主保护柜的光字牌。完成后将气体积聚数量恢复为 0 并修复故障。

3）在“1 号变压器测控操作面板”将断路器重新合闸。然后设置变压器的油速值大于 1m/s，查看 1 号变压器高低压断路器动作情况。观察 1 号变压器测控柜和 1 号变压器主保护柜的光字牌并填写表 8-10。完成后将油速恢复为 0 并修复故障。

表 8-10　　1 号变压器测控柜及主保护柜的光字牌信息

项目	测控柜光字牌	保护柜光字牌	点击复归	保护是否动作
气体大于 100mL				
油速大于 1m/s				

（12）设置断路器拒动观察继电保护二次回路动作情况。

1）点击“控制系统”→“主接线回路”菜单，在主接线回路图中设置断路器故障为 1102 拒动，501 拒动。

2）分别设置 1 号主变压器内部三相短路和两相短路故障，在信息观察窗观察其二次回路动作情况及断路器动作情况并填写表 8-11。完成后修复该故障。

3）在控制室找到出口，返回变电站场景。在变电站场景打开 110kV 断路器操动机构二次回路，如图 8-21 所示，设置 1102 断路器（QF2）跳闸回路的 QF2-YT 跳闸线圈不动作故障。

4）分别设置 1 号主变压器内部三相短路和两相短路故障，在信息观察窗观察其二次回路动作情况及断路器动作情况并填写表 8-11。完成后修复该故障。

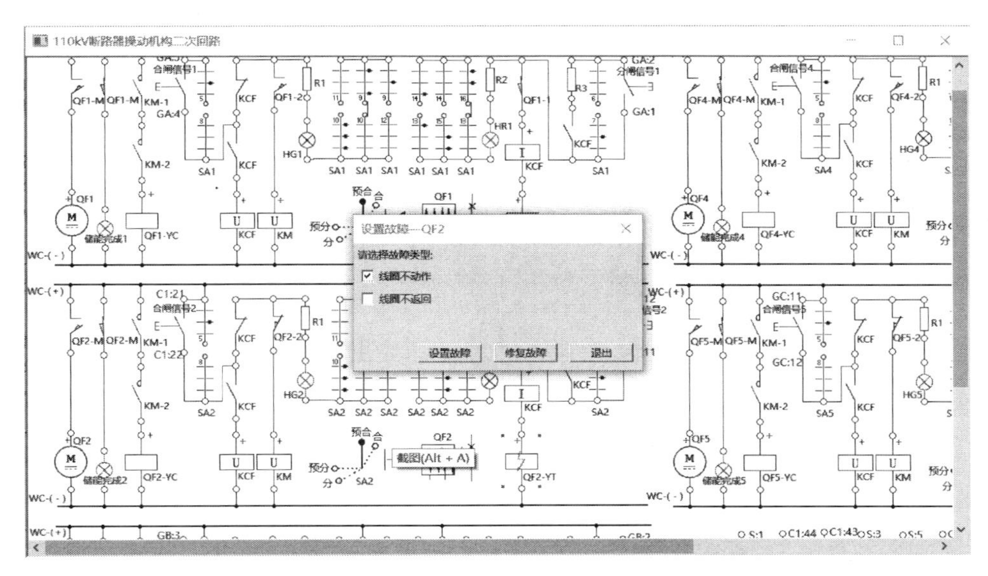

图 8-21　断路器操动机构界面

表 8-11　　二次回路动作情况及断路器动作情况

断路器情况	故障情况	测控柜光字牌	保护柜光字牌	差动继电器是否动作	保护是否动作
断路器拒动	三相短路				
	两相短路				
跳闸线圈不动作	三相短路				
	两相短路				

（13）电流互感器反接故障测试（自主探究式学习，需自行完成）。

1）在编辑状态设置主变压器高压侧电流互感器反接（此处需要修改端子排的连接）。

2）在运行状态分别设置变压器区内和区外故障观察差动保护及断路器动作情况，并记录故障现象。

3）在编辑状态设置主变压器高压侧电流互感器恢复正常，主变压器低压侧电流互感器反接。

4）在运行状态分别设置变压器区内和区外故障观察差动保护及断路器动作情况并记录故障现象。

5）在编辑状态同时设置主变压器高压侧电流互感器和低压侧电流互感器反接。

6）在运行状态分别设置变压器区内和区外故障，观察差动保护及断路器动作情况并记录故障现象，填写表8-12。

表8-12　　观察差动保护及断路器动作情况

电流互感器反接	故障情况	测控柜光字牌	保护柜光字牌	差动继电器是否动作	保护是否动作
高压侧反接	区内故障				
	区外故障				
低压侧反接	区内故障				
	区外故障				
两侧均反接	区内故障				
	区外故障				

（五）思考题

1. 变压器参数计算

变压器额定电流计算公式为：______________________________。

2. 电流互感器的选择

变压器差动保护中，YNd11的降压变压器，高压侧电流互感器选择__________，低压侧电流互感器选择________________。设变压器高压侧额定电流400A，电流互感器变比应该选择为______________，设变压器低压侧额定电流4200A，电流互感器变比应该选择为___________，此时二次侧的额定电流，高压侧为_______________，低压侧为________________。

3. 不带制动特性差动继电器整定计算

（1）按躲过最大不平衡电流整定计算公式是____。

（2）按躲过励磁涌流整定计算公式是________________________________。

（3）按躲过电压回路断线整定计算公式是____________________________。

（4）差动继电器的整定电流应该取＿＿＿＿＿＿＿＿＿＿＿＿＿＿＿＿。

4. 差动继电器动作方程

（1）不带制动特性的差动继电器动作方程是＿＿。

（2）带制动特性的差动继电器动作方程是＿＿＿＿＿＿＿＿＿＿＿＿＿＿＿＿＿＿＿。

附录 A　添加三段式电流保护的对应关系

（1）运行资源之前需要把断路器和操动机构，电流互感器一次和二次侧，电压互感器一次和二次侧建立对应关系等。点击对应关系，选择“编辑资源”，如图 A1 所示。

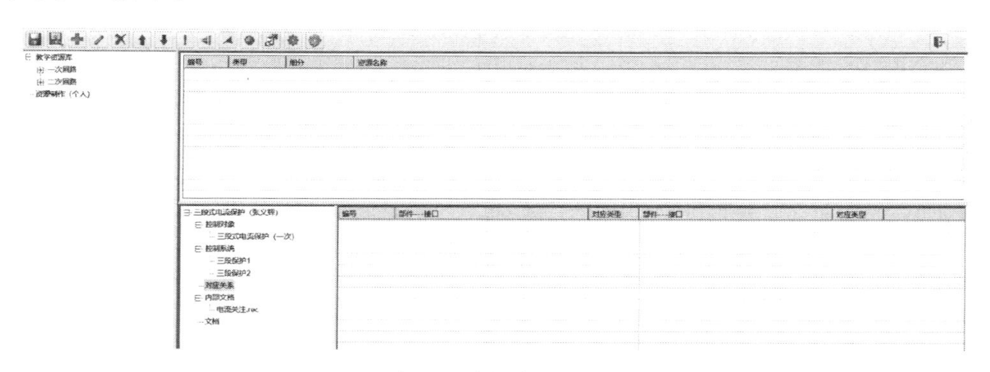

图 A1　编辑资源界面

（2）选择电流互感器连接件，点击“添加”。部件左边选择一次回路，即三段式电流保护（一次），右边选择二次回路，即三段保护 1。接下来分别选中（一次）TA1-电流互感器，（二次）TA-A 电流互感器。建立对应的连接关系，如图 A2 所示。

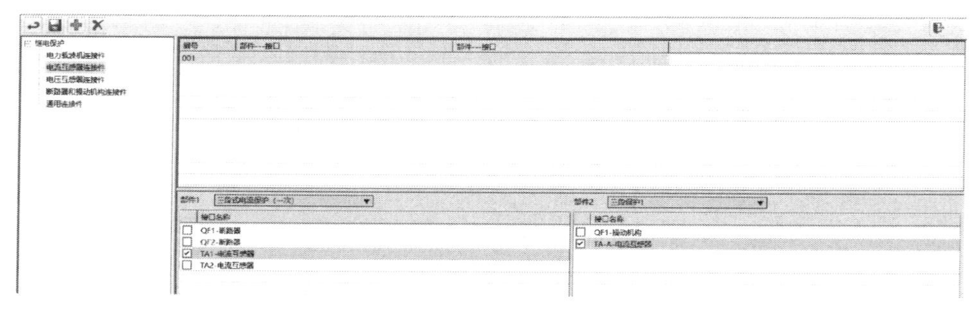

图 A2　建立对应的连接关系

（3）点击保存，如图 A3 所示。

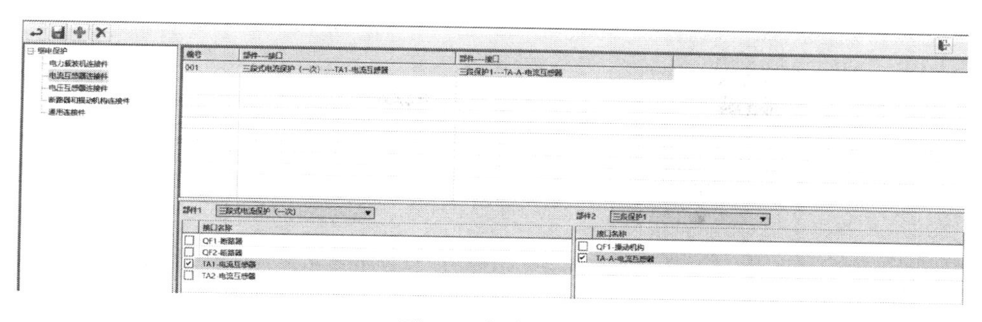

图 A3　保存界面

（4）重复选择（一次）TA2-电流互感器，（二次）TA2-A 电流互感器。建立对应的连接关系并保存，如图 A4 所示。

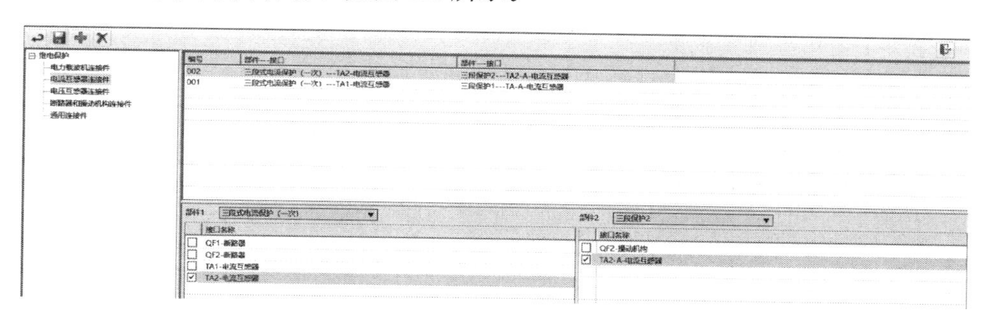

图 A4　建立对应的连接关系并保存

（5）选择断路器和操动机构连接件，点击“添加”，如图 A5 所示。部件左边选择一次回路，即三段式电流保护（一次），右边选择二次回路，即三段保护 1。接下来分别选中（一次）QF1-断路器、（二次）QF1-操动机构。建立对应的连接关系，再点击“保存”。注意：断路器连接的对应关系编号必须正确，不能选择到电流互感器的对应关系。

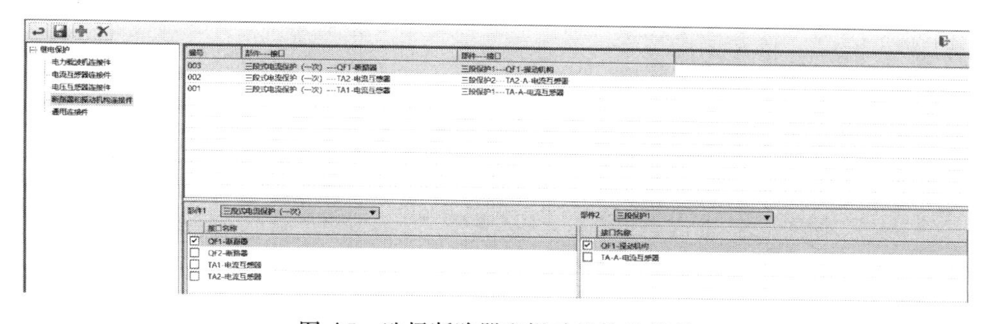

图 A5　选择断路器和操动机构连接件

（6）重复选择（一次）QF2-断路器、（二次）QF2-操动机构，建立对应的连接关系，再点击“保存”，如图 A6 所示。

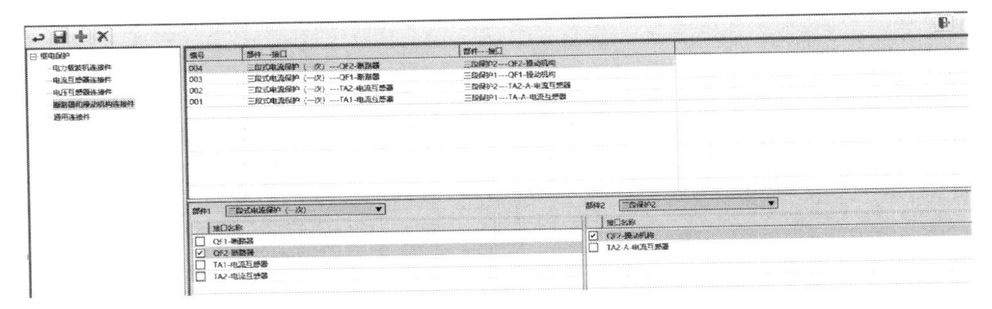

图 A6　三段式电流保护完整的对应关系

附录B 三段式电流保护实验报告

重庆科技学院

实 验 报 告 册

（电力系统继电保护）

课程名称：电力系统继电保护　开课学期：＿＿＿＿

学　　院：电气工程学院　实 验 室：电气工程实验中心

学生姓名：＿＿＿＿　专业班级：＿＿＿＿

学　　号：＿＿＿＿　实验网址：http://222.180.188.203:8080

实 验 报 告

课程名称	电力系统继电保护	实验项目名称	三段式电流保护虚拟仿真实验
开课院系及实验室	电气工程学院 电气工程实验中心	实验日期	
姓名		学号		专业班级	
预习报告指导教师签字		实验成绩	

一、实验的目的和要求

(1) 了解电磁式电流、电压保护的组成。

(2) 学习电力系统电流、电压保护中电流、电压、时间整定值的调整方法。

(3) 研究电力系统中运行方式变化对保护灵敏度的影响。

(4) 分析三段式电流、电压保护动作配合的正确性。

二、实验原理、内容及所涵盖的知识点

1. 三段式电流保护

当网络发生短路时，电源与故障点之间的电流会增大。根据这个特点可以构成电流保护。电流保护分________________(简称Ⅰ段)、________________(简称Ⅱ段)和________________(简称Ⅲ段)。

2. 短路电流计算

短路电流的大小 I_k 和短路点至电源间的总电阻 X_Σ 及短路类型有关。三相短路和两相短路时，短路电流 I_k 与 X_Σ 的关系可分别表示如下：

____。

____。

3. 电流Ⅰ段整定计算

如图 B1 所示，保护 2(KA2) 电流Ⅰ段的动作电流计算公式是：

____。

保护 1(KA1) 电流Ⅰ段的动作电流计算公式是：

____。

保护 1 和保护 2 的Ⅰ段动作时间分别是____________和____________。

保护 1 的Ⅰ段最小保护范围计算公式是________________。

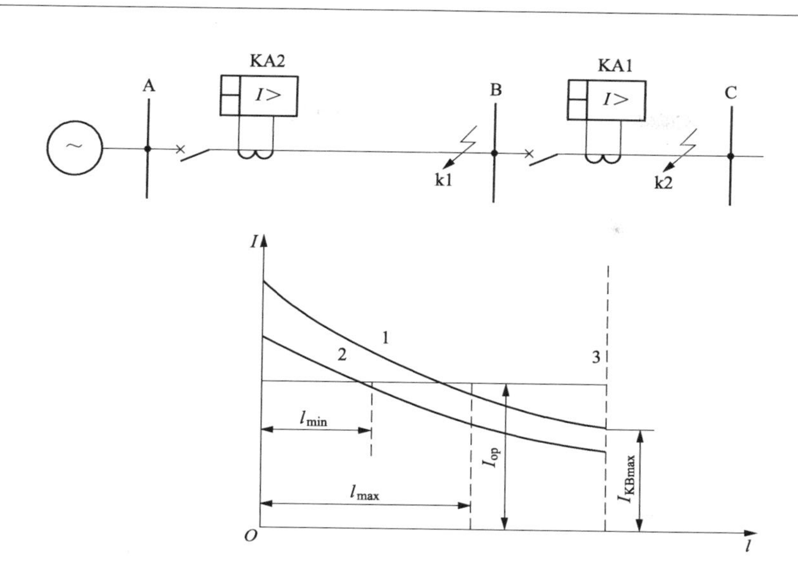

图 B1 单侧电源线路上三段式电流保护的计算图

保护 2 的Ⅰ段最小保护范围计算公式是：

____。

规程规定，其最小保护范围一般不应小于被保护线路全长的__________。

电流速断保护的主要优点是__________________________。

它的缺点是____________________________________

____。

4. 电流Ⅱ段整定计算

如图 1 所示，保护 2(KA2) 电流Ⅱ段的动作电流计算公式是：

____。

保护 2 的Ⅱ段动作时间是____________________________。

保护 2 的Ⅱ段灵敏度计算公式是：

____。

5. 电流Ⅲ段整定计算

如图 1 所示，保护 2(KA2) 电流Ⅲ段的动作电流计算公式是：

____。

保护 2 的Ⅲ段动作时间是____________________________。

保护 2 的Ⅲ段灵敏度计算公式是

近后备：____________________________________。

近后备：____________________________________。

三、整定计算

图 B2 所示的一次电路中，一次系统虚拟元器件见表 B1。已知：线路 AB(A 侧）上装有三段式电流保护，线路 BC(B 侧）装有三段式电流保护，它们的负荷最大电流为 180A，负荷的自启动系数 K_{ss} 均为 1.5；线路 AB 第Ⅱ段保护的延时允许大于 1s；Ⅰ段可靠系数 $K_{rel}^{I}=1.25$，Ⅱ段可靠系数 $K_{rel}^{II}=1.1$，Ⅲ段可靠系数 $K_{rel}^{III}=1.2$，返回系数 $K_{re}=0.85$；电源的 $X_{SA.max}=1\Omega$，$X_{SA.min}=1.3\Omega$；$x_0=0.4\Omega/km$，电流互感器变比都为 600/5，负荷阻抗 32Ω。$L_1=20km$，$L_2=10km$。其他参数见图 B2。

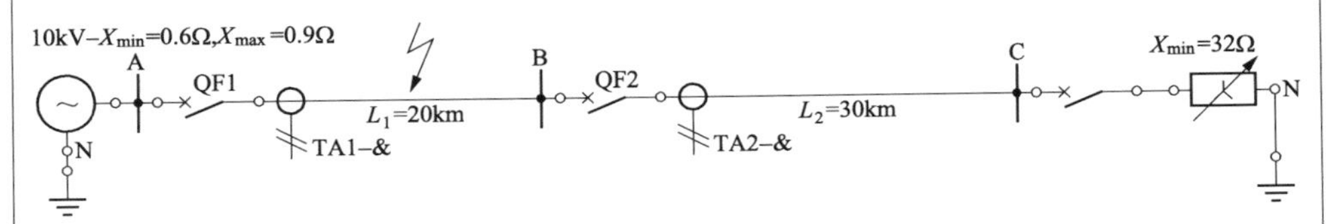

图 B2　三段式电流保护一次系统原理图

试决定线路 AB(A 侧）和线路 BC(B 侧）各段保护动作电流及灵敏度。搭建二次回路，并自行检验正确性。

表 B1　　一次系统虚拟元器件

序号	元件显示	名称	型号	数量
1	10kV	三相交流电源	10kV-1Ω	1
2～4	A～C	三相母线	LMY-25-3	3
5～7	QF1～QF3	高压断路器	SN10-35/1250-20	3
8、9	TA1、TA2	三相电流互感器	LMZ3D-600/5	2
10	$X_{min}=32\Omega$	三相对称可变负载	Load500/100	1
11	GND	接地	—	2

整定定值清单列表见表 B2。

表 B2　　整定定值清单列表

保护序号	一段定值（A）	二段定值（A）	三段定值（A）
1			
2			

保护动作时间见表 B3。

表 B3　　保护动作时间

保护序号	一段延时（s）	二段延时（s）	三段延时（s）
1			
2			

保护灵敏度见表 B4。

表 B4　　保护灵敏度

保护序号	Ⅰ段保护范围	Ⅱ段灵敏度	Ⅲ段灵敏度
1			
2			

以下为计算过程：

四、实验操作方法与步骤

（1）二次系统接线图（保护 1 和 2）。三段式电流保护二次接线图（保护 2）如图 B3 所示。

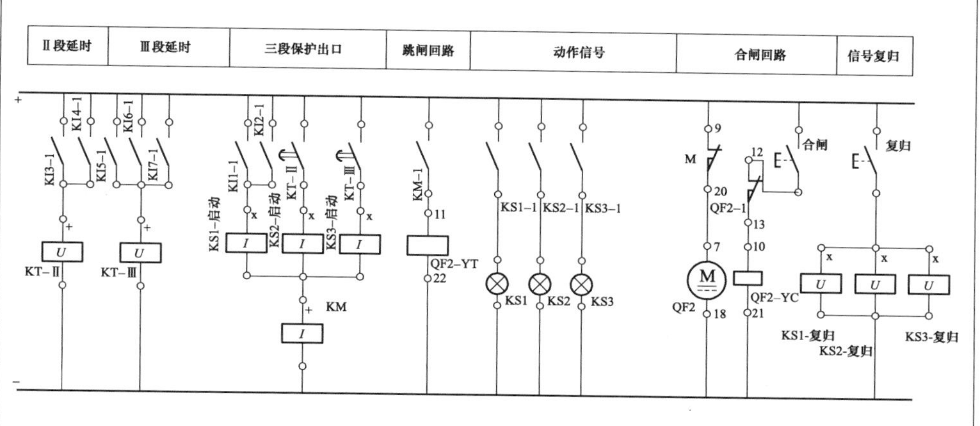

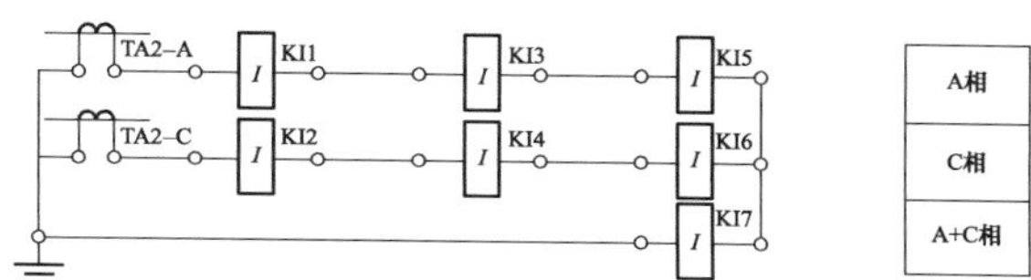

图 B3　三段式电流保护二次接线图（保护 2）

（2）虚拟实验元器件。图 B3 的二次系统元器件见表 B5。

表 B5　　图 B3 的二次系统元器件

序号	元件显示	名称	型号	数量
1、2	TA2-Aⓒ	三相电流互感器	LMZ3D-600/5	2
3～9	KI1～KI7	JY 电流互感器	JY-DL-250V-20A	7
10、11	KT-Ⅱ(Ⅲ)	JY 时间继电器	JY-DS 220V	2
12～14	KS1-KS3	JY 电流启动信号继电器	JY-DX220V-2A	3
15	KM	JY 中间继电器	JY-DS 2A	1
16	QF2	弹簧操动机构直流展开图	CT8-1 DC220V	1
17	合闸	自动复归手动按钮开关	JY-110V/3A	1
18	复归	自动复归手动按钮开关	JY-110V/3A	1
19	直流电源	直流电源（小母线形式）	DC-220V	1

（3）虚拟实验步骤。

1）在静一继电保护软件中，新建一个工程。按图 B2 添加并编辑一次回路，按图 B3 添加并编辑二次回路。保护 1 和保护 2 的二次回路基本相同。

2）按图 B4 添加电流互感器 TA1、TA2 和断路器 QF1、QF2 的对应关系。

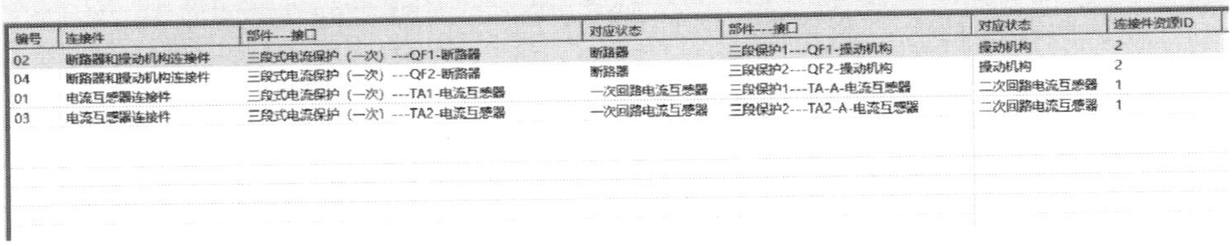

编号	连接件	部件---接口	对应状态	部件---接口	对应状态	连接件资源ID
02	断路器和操动机构连接件	三段式电流保护（一次）---QF1-断路器	断路器	三段保护1---QF1-操动机构	操动机构	2
04	断路器和操动机构连接件	三段式电流保护（一次）---QF2-断路器	断路器	三段保护2---QF2-操动机构	操动机构	2
01	电流互感器连接件	三段式电流保护（一次）---TA1-电流互感器	一次回路电流互感器	三段保护1---TA-A-电流互感器	二次回路电流互感器	1
03	电流互感器连接件	三段式电流保护（一次）---TA2-电流互感器	一次回路电流互感器	三段保护2---TA2-A-电流互感器	二次回路电流互感器	1

图 B4　电流保护的对应关系

3）计算并设置各段保护的电流继电器、时间继电器整定值。

4）运行该电路。待储能电动机储能结束后，点击合闸按钮闭合断路器 QF1、QF2 和 QF3 观察系统是否处于正常运行状态。

5）电流速断保护（第Ⅰ段）。

右键选中输电线 LAB，设置故障（此处以 A、B 相相间短路、金属性永久性、故障位置距 QF=5km 为例）。点击“设置故障”按钮，即可观察Ⅰ段保护相应继电器、指示灯和操动机构的动作情况。

实验结束后，依次点击“修复故障、复归，合闸 QF”按钮。

6）限时电流速断保护（第Ⅱ段）。

在Ⅰ段保护范围外设置输电线路故障（此处以 A、B 相相间短路、金属性永久性、故障位置距 QF=8km 为例）。再次点击输电线故障设置对话框中的“设置故障”按钮，即可观察Ⅱ段保护相应继电器、指示灯和操动机构的动作情况。

实验结束后，依次点击“修复故障、复归，合闸 QF”按钮。

7）保护配合（Ⅰ段拒动，Ⅱ段动作）。

在步骤4）的基础上，右键选中中间继电器KA-I，设置故障。选择故障类型（此处以线圈不动作为例），并点击“设置故障”按钮。

再次点击输电线故障设置对话框中的“故障设置”按钮。观察信号继电器KS1～KS3是否动作，中间继电器KM能否跳闸成功。观察相应继电器、指示灯和操动机构的动作情况。

实验结束后，依次点击“修复故障、复归，合闸QF”按钮。

8）类似地，请自定义其他类型故障及验证各段保护间的配合。

通过上述实验操作，体会并掌握三段式电流保护的工作原理。

9）实验结束后，即可返回退出。

注意：也可在“工具”菜单点选单步运行，点击下一步指示箭头查看保护的每一步动作情况。重新合闸设置故障时须关闭“单步”，点击连续菜单。

五、实验记录与处理（数据、图表、计算等）

（1）AB线故障，A、B、C相相间短路、金属性永久性，短路点见表B6。I_A为一次电流，I_a为二次电流。最大运行方式。

表B6　　不同短路点的AB线三相短路的短路电流

短路点	I_A	I_a	I_B	I_b	I_C	I_c	动作情况
5km							
10km							
15km							
20km							

（2）AB线故障，B、C相相间短路、金属性永久性，短路点见表B7。I_A为一次电流，I_a为二次电流。最小运行方式。

表B7　　不同短路点的AB线BC相间短路的短路电流

短路点	I_A	I_a	I_B	I_b	I_C	I_c	动作情况
5km							
10km							
15km							
20km							

（3）BC线故障，A、B、C相相间短路，金属性永久性，短路点见表B8。I_A为一次电流，I_a为二次电流。最大运行方式。

表 B8　　不同短路点的 BC 线三相短路的短路电流

短路点	I_A	I_a	I_B	I_b	I_C	I_c	动作情况
5km							
10km							
20km							
30km							

(4) BC 线故障，B、C 相相间短路，金属性永久性，短路点见表 B9。I_A 为一次电流，I_a 为二次电流。最小运行方式。

表 B9　　不同短路点的 BC 线 BC 相间短路的短路电流

短路点	I_A	I_a	I_B	I_b	I_C	I_c	动作情况
5km							
10km							
20km							
30km							

六、数据处理与实验结果分析（要求绘制短路电流曲线并分析）

七、深入思考

(1) 虚拟实验中，以图 B3 为例说明线路 AB 分别在保护Ⅰ动作，Ⅱ段动作，Ⅲ段动作时各个继电器的动作先后顺序。

(2) 虚拟实验中，采用何种方式显示输电线路一次电流值和二次电流值？请用文字和图形表示。

(3) 如果保护 1 采用低电压启动的过电流保护，计算电流电压的整定值，并修改一次和二次回路，观察并说明继电器的动作情况。

八、实验小结

附录C　方向性电流保护实验报告

重庆科技学院

实　验　报　告　册

（电力系统继电保护）

课程名称：电力系统继电保护　　开课学期：

学　　院：电气工程学院　　实 验 室：电气工程实验中心

学生姓名：　　专业班级：

学　　号：　　实验网址：http://222.180.188.203:8080

实　验　报　告

<table>
<tr><td colspan="2">课程名称</td><td colspan="2">电力系统继电保护</td><td>实验项目
名称</td><td>方向性电流保护
虚拟仿真实验</td></tr>
<tr><td colspan="3">开课院系及实验室</td><td>电气工程学院
电气工程实验中心</td><td>实验日期</td><td></td></tr>
<tr><td colspan="2">姓名</td><td>学号</td><td></td><td>专业班级</td><td></td></tr>
<tr><td colspan="3">预习报告指导教师签字</td><td></td><td>实验成绩</td><td></td></tr>
</table>

一、实验的目的和要求

(1) 熟悉相间方向性电流保护的基本原理。

(2) 进一步了解功率方向继电器的结构及工作原理。

(3) 掌握方向性电流保护的基本特性和整定计算方法。

二、实验原理、内容及所涵盖的知识点

1. 功率方向继电器

功率方向继电器广泛采用的接线方式是____________，该接线方式的优点是______________________，以 A 相为例，测量电压和测量电流分别取为________________________和________________，此时的动作方程为：____________________。

2. 短路电流计算

当线路上某一点发生故障时，对任一断路器的保护装置，流过的短路电流都是单一方向的，所以两端电流线路上电流保护的整定计算方法，与前面所讲的三段式电流保护的整定计算方法基本相同。所不同的是方向电流保护要注意正向电流，即方向电流保护的动作电流要按正向电流计算。

3. 电流Ⅰ段整定计算

如图 C1 所示，保护 3(QF3) 电流Ⅰ段的动作电流计算公式是：

____。

保护 4(QF4) 电流Ⅰ段的动作电流计算公式是

____。

保护 3 和保护 4 的Ⅰ段动作时间分别是____________和____________。

保护 3 的Ⅰ段最小保护范围计算公式是

____。

保护 4 的Ⅰ段最小保护范围计算公式是：

____。

规程规定，其最小保护范围一般不应小于被保护线路全长的＿＿＿＿＿＿＿＿。

电流速断保护的主要优点是＿＿＿＿＿＿＿＿＿＿＿＿＿＿＿＿＿＿＿＿＿＿＿＿。它的缺点是＿＿＿＿＿＿＿＿＿＿＿＿＿＿＿＿＿＿＿＿＿＿＿＿＿＿＿＿＿＿＿。

4. 电流Ⅱ段整定计算

如图 C1 所示，保护 4(QF3) 电流Ⅱ段的动作电流计算公式是：

＿＿＿。

保护 4 的Ⅱ段动作时间是＿＿＿＿＿＿＿＿＿＿＿＿＿＿＿＿＿＿＿＿＿＿＿＿＿＿＿＿＿＿＿。

保护 4 的Ⅱ段灵敏度计算公式是：

＿＿＿。

5. 电流Ⅲ段整定计算

如图 C1 所示，保护 3(QF3) 电流Ⅲ段的动作电流计算公式是：

＿＿＿。

保护 3 的Ⅲ段动作时间是＿＿＿＿＿＿＿＿＿＿＿＿＿＿＿＿＿＿。

保护 3 的Ⅲ段灵敏度计算公式是：

近后备：＿＿＿＿＿＿＿＿＿＿＿＿＿＿＿＿＿＿＿＿＿＿＿＿＿＿＿＿＿＿＿＿＿＿＿＿＿＿＿。

近后备：＿＿＿＿＿＿＿＿＿＿＿＿＿＿＿＿＿＿＿＿＿＿＿＿＿＿＿＿＿＿＿＿＿＿＿＿＿＿＿。

如图 C1 所示，保护 4(QF4) 电流Ⅲ段的动作电流计算公式是：

＿＿＿。

保护 4 的Ⅲ段动作时间是＿＿＿＿＿＿＿＿＿＿＿＿＿＿＿＿＿＿＿＿＿＿＿＿＿＿＿＿＿＿＿。

保护 4 的Ⅲ段灵敏度计算公式是：

近后备：＿＿＿＿＿＿＿＿＿＿＿＿＿＿＿＿＿＿＿＿＿＿＿＿＿＿＿＿＿＿＿＿＿＿＿＿＿＿＿。

近后备：＿＿＿＿＿＿＿＿＿＿＿＿＿＿＿＿＿＿＿＿＿＿＿＿＿＿＿＿＿＿＿＿＿＿＿＿＿＿＿。

三、整定计算

如图 C1 所示一次电路，已知：线路 AB、BC、CD 上装有三段式电流保护，线路的最大负荷电流为 $I_{AB}=200A$，$I_{BC}=120A$，$I_{CD}=200A$。负荷的自启动系数 K_{ss} 均为 1.3；线路 AB 第Ⅱ段保护的延时容许大于 1s；Ⅰ段可靠系数 $K_{rel}^{I}=1.1$，Ⅱ段可靠系数 $K_{rel}^{II}=1.15$，Ⅲ段可靠系数 $K_{rel}^{III}=1.2$，返回系数 $K_{re}=0.85$；$L_{AB}=20km$，$L_{BC}=50km$，$L_{CD}=20km$，电源的 $X_{G1.max}=X_{G2.max}=4\Omega$，$X_{G1.min}=X_{G2.min}=8\Omega$；$x_0=0.4\Omega/km$，$E_{\varphi}=37/\sqrt{3}kV$，电流互感器变比都为 200/5。其他参数见图 C1。一次系统虚拟元器件见表 C1。

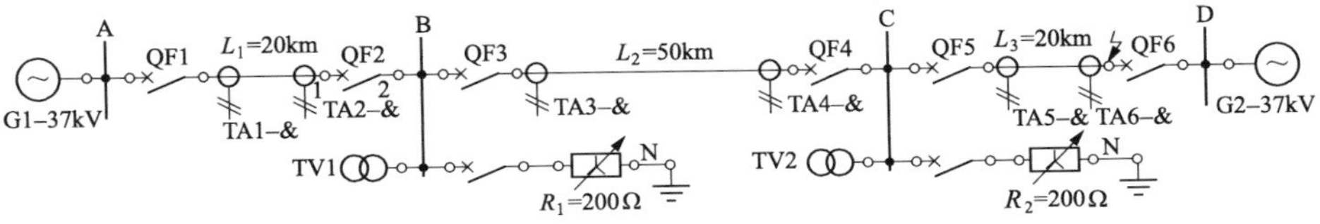

图 C1　方向电流保护一次系统原理图

试决定保护 QF1～QF6 各段动作电流、动作时间及灵敏度，并确定哪些保护安装功率方向继电器。搭建二次回路，并自行检验正确性。

表 C1　一次系统虚拟元器件

序号	元件显示	名称	型号	数量
1、2	37kV(G1、G2)	三相交流电源不带中性点	JY-1	2
3～6	A～D	三相母线	LMY-25-3	4
7～12	QF1～QF6	高压断路器	SN10-35/1250-20	6
8～17	TA1～TA6	三相电流互感器一次侧	3×1	6
18、19	$R_1/R_2=200$	三相对称负载一次回路	JY-50Hz	2
20、21	TV1、TV2	三相电压互感器（Yy）	JY-1	2
22、23	GND	接地	—	2

整定定值清单列表见表 C2。

表 C2　整定定值清单列表

保护序号	一段定值（A）	二段定值（A）	三段定值（A）
1			
2			
3			
4			
5			
6			

整定时间清单列表见表C3。

表C3 整定时间清单列表

保护序号	一段延时（s）	二段延时（s）	三段延时（s）
1			
2			
3			
4			
5			
6			

保护灵敏度见表C4。

表C4 保护灵敏度

保护序号	Ⅰ段保护范围	Ⅱ段灵敏度	Ⅲ段灵敏度
1			
2			
3			
4			
5			
6			

以下为计算过程：

四、实验操作方法与步骤

（1）二次系统接线图（保护1、3、4、6）。保护1、3、4、6用定值可以躲故障，所以不加装方向元件。方向电流保护二次系统原理图（无方向元件）如图C2所示。

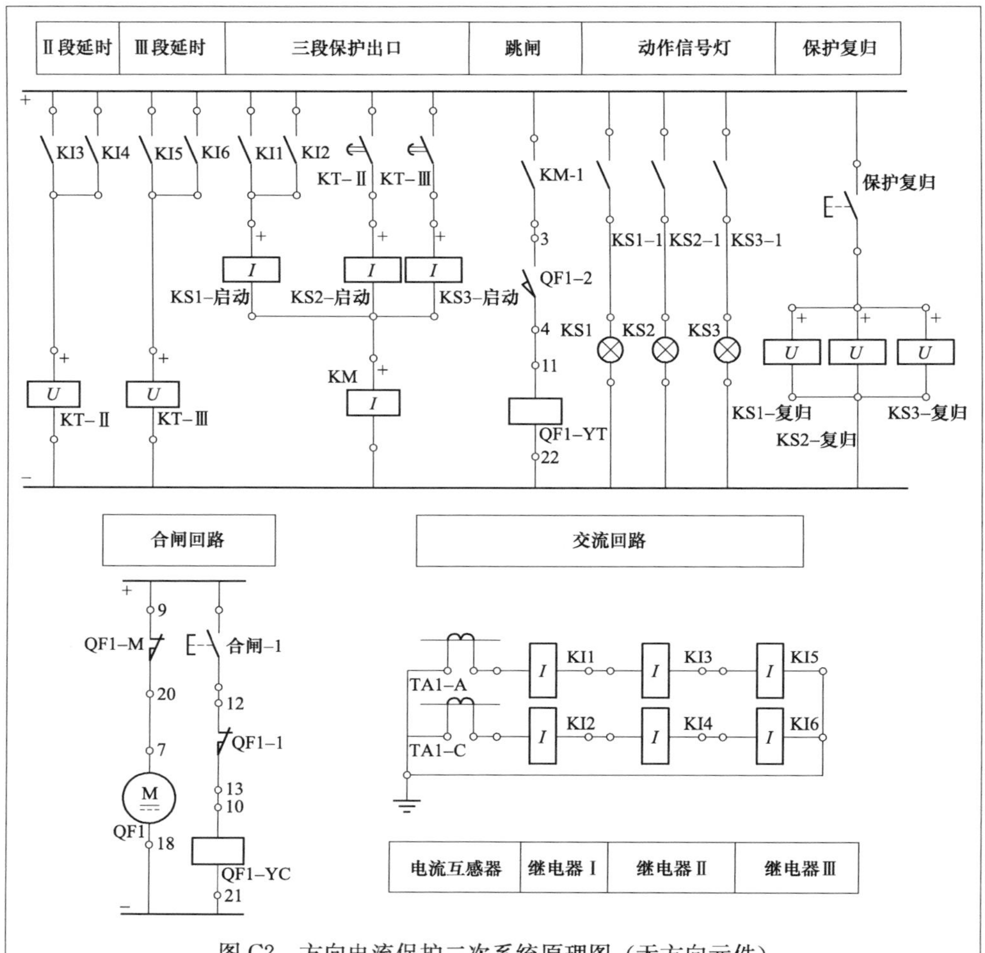

图 C2 方向电流保护二次系统原理图（无方向元件）

（2）虚拟实验元器件。图 C2 的二次系统元器件见表 C5。

表 C5　　图 C2 的二次系统元器件

序号	元件显示	名称	型号	数量
1、2	TA2-A(C)	三相电流互感器	LMZ3D-600/5	2
3～9	KI1～KI7	JY 电流互感器	JY-DL-250V-20A	7
10、11	KT-Ⅱ(Ⅲ)	JY 时间继电器	JY-DS 220V	2
12～14	KS1～KS3	JY 电流启动信号继电器	JY-DX220V-2A	3
15	KM	JY 中间继电器	JY-DS 2A	1
16	QF2	弹簧操作机构直流展开图	CT8-1 DC220V	1
17	合闸	自动复归手动按钮开关	JY-110V/3A	1
18	复归	自动复归手动按钮开关	JY-110V/3A	1
19	直流电源	直流电源（小母线形式）	DC-220V	1

（3）二次系统接线图（保护2、5）。方向电流保护二次系统原理图（有方向元件）如图C3所示。

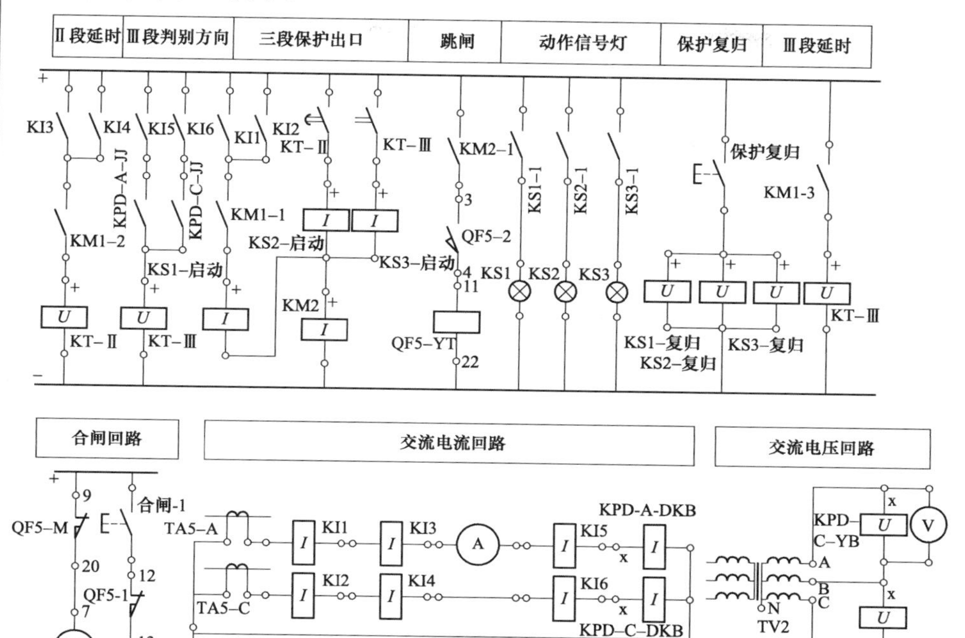

图C3　方向电流保护二次系统原理图（有方向元件）

（4）虚拟实验元器件。图C3的二次系统元器件见表C6。

表C6　　图C3的二次系统元器件

序号	元件显示	名称	型号	数量
1、2	TA2-A(C)	三相电流互感器	LMZ3D-600/5	2
3～9	KI1-KI7	JY电流互感器	JY-DL-250V-20A	7
10、11	KT-Ⅱ(Ⅲ)	JY时间继电器	JY-DS 220V	2
12～14	KS1～KS3	JY电流启动信号继电器	JY-DX220V-2A	3
15	KM	JY中间继电器	JY-DS 2A	1
16	QF2	弹簧操动机构直流展开图	CT8-1 DC220V	1
17	合闸	自动复归手动按钮开关	JY-110V/3A	1
18	复归	自动复归手动按钮开关	JY-110V/3A	1
19	直流电源	直流电源（小母线形式）	DC-220V	1

（5）虚拟实验步骤。

1）在继电保护软件中，打开双侧电源电流保护实验，并将其另存为本地资源。

2）设置对应关系。包括一、二次回路间 TA、TV 及操动机构的对应关系，见图 C4。

编号	连接件	部件---接口	对应状态	部件---接口	对应状态	连接件资源...
01	断路器和操动机构连接件	双侧电源一次回路---QF1-断路器	断路器	保护QF1---QF1-操动机构	操动机构	2
04	断路器和操动机构连接件	双侧电源一次回路---QF2-断路器	断路器	保护QF2---QF2-操动机构	操动机构	2
11	断路器和操动机构连接件	双侧电源一次回路---QF3-断路器	断路器	保护QF3---QF3-操动机构	操动机构	2
12	断路器和操动机构连接件	双侧电源一次回路---QF4-断路器	断路器	保护QF4---QF4-操动机构	操动机构	2
08	断路器和操动机构连接件	双侧电源一次回路---QF5-断路器	断路器	保护QF5---QF5-操动机构	操动机构	2
07	断路器和操动机构连接件	双侧电源一次回路---QF6-断路器	断路器	保护QF6---QF6-操动机构	操动机构	2
02	电流互感器连接件	双侧电源一次回路---TA1-&-电流互感器	一次回路电流互感器	保护QF1---TA1-电流互感器	二次回路电流互感器	1
03	电流互感器连接件	双侧电源一次回路---TA2-&-电流互感器	一次回路电流互感器	保护QF2---TA2-电流互感器	二次回路电流互感器	1
13	电流互感器连接件	双侧电源一次回路---TA3-&-电流互感器	一次回路电流互感器	保护QF3---TA3-电流互感器	二次回路电流互感器	1
14	电流互感器连接件	双侧电源一次回路---TA4-&-电流互感器	一次回路电流互感器	保护QF4---TA4-电流互感器	二次回路电流互感器	1
09	电流互感器连接件	双侧电源一次回路---TA5-&-电流互感器	一次回路电流互感器	保护QF5---TA5-电流互感器	二次回路电流互感器	1
06	电流互感器连接件	双侧电源一次回路---TA6-&-电流互感器	一次回路电流互感器	保护QF6---TA6-电流互感器	二次回路电流互感器	1
05	电压互感器连接件	双侧电源一次回路---TV1-电压互感器	一次回路电压互感器	保护QF2---TV1-电压互感器	二次回路电压互感器	3
10	电压互感器连接件	双侧电源一次回路---TV2-电压互感器	一次回路电压互感器	保护QF5---TV2-电压互感器	二次回路电压互感器	3

图 C4　对应关系设置

3）计算并设置各保护的动作电流、延时时间整定值；设置功率方向继电器最大灵敏角，并保存。

4）运行该电路。待储能电动机储能结束后，在“工具”菜单中点选执行设置指令，在弹出的对话框中，选中“双侧电源电流保护合闸 .cm”文件并点击“执行设置指令”按钮。即可一键闭合一次回路中的所有断路器。观察系统是否处于正常运行状态。

5）设置输电线路故障（正向故障）。

右键选中输电线 L2，设置故障（此处以 A、B 相相间短路、金属性永久性、故障位置距 QF3＝40km 为例）。点击“设置故障”按钮，即可观察保护 QF5、QF3 相应继电器、指示灯和操动机构的动作情况。实验结束后，修复故障并再次执行设置指令。

类似地，请自定义各段输电线其他类型故障。

实验结束后，修复故障并再次执行设置指令。

6）设置输电线路故障（反向故障）。

右键选中输电线 L1，设置故障（此处以 A、B 相相间短路、金属性永久性、故障位置距 QF1＝4km 为例）。点击“设置故障”按钮，即可观察保护 QF1、QF2、QF5 相应继电器、指示灯和操动机构的动作情况。

7）实验结束后，修复故障。

通过上述操作，体会并掌握功率方向继电器在含双侧电源电流保护中的重要作用。

8）实验结束后，即可返回退出。

注意：也可在“工具”菜单中点选“单步运行”，点击下一步指示箭头观察保护的每一步动作情况。重新设置故障时须关闭“单步”，点击连续菜单。

五、实验记录与处理（数据、图表、计算等）

（1）方向性电流保护：CD线路故障，A、B、C相相间短路、金属性永久性，最大运行方式（填写表C7）。

表C7　　CD线路三相短路故障保护动作情况

短路点	保护5	保护6	备注
5km			说明哪一段动作以及动作时间
10km			
15km			
20km			

（2）方向性电流保护：CD线路故障，B、C相相间短路、金属性永久性，最小运行方式（填写表C8）。

表C8　　CD线路BC相相间短路故障保护动作情况

短路点	保护5	保护6	备注
5km			说明哪一段动作以及动作时间
10km			
15km			
20km			

（3）方向性电流保护：BC线路故障，A、B、C相相间短路、金属性永久性，最大运行方式（填写表C9）。

表C9　　BC线路三相短路故障保护动作情况

短路点	保护5	保护6	备注
10km			说明哪一段动作以及动作时间
25km			
35km			
50km			

（4）方向性电流保护：BC线路故障，A、B相相间短路、金属性永久性，最小运行方式（填写表C10）。

表C10　　BC线路AB相相间短路故障保护动作情况

短路点	保护3	保护4	备注
10km			说明哪一段动作以及动作时间
25km			
35km			
50km			

六、数据处理与实验结果分析（要求绘制短路电流曲线并分析）

七、深入思考

（1）方向电流保护是否存在死区？死区可能在什么位置发生？

（2）简述 90°接线原理的三相功率方向保护标准接线要求。

（3）简述双侧电源的方向电流保护什么情况下可以不装设方向元件。

八、实验小结

附录D 三段式距离保护实验报告

重庆科技学院

实 验 报 告 册

（电力系统继电保护）

课程名称：	电力系统继电保护	开课学期：	
学　　院：	电气工程学院	实 验 室：	电气工程实验中心
学生姓名：		专业班级：	
学　　号：		实验网址：	http://222.180.188.203:8080

实　验　报　告

<table>
<tr><td>课程名称</td><td colspan="2">电力系统继电保护</td><td>实验项目
名称</td><td colspan="2">三段式距离保护
虚拟仿真实验</td></tr>
<tr><td colspan="2">开课院系及实验室</td><td colspan="2">电气工程学院
电气工程实验中心</td><td>实验日期</td><td></td></tr>
<tr><td>姓名</td><td></td><td>学号</td><td></td><td>专业班级</td><td></td></tr>
<tr><td colspan="2">预习报告指导教师签字</td><td colspan="2"></td><td>实验成绩</td><td></td></tr>
</table>

一、实验的目的和要求

(1) 了解距离保护的原理。

(2) 熟悉相间距离保护的圆特性。

(3) 掌握距离保护的逻辑组态方法。

二、实验原理、内容及所涵盖的知识点

1. 阻抗继电器

相间阻抗继电器接线方式中，反映 AB 两相短路时，$U_m=$______________，$I_m=$______________。全阻抗特性阻抗继电器绝对值比较的动作方程是______________，相位比较的动作方程______________________。

2. 距离保护构成

距离保护一般由__________、__________、__________、__________、__________和__________几个部分组成。

3. 距离Ⅰ段整定计算

如图 D1 所示，保护 1(QF1) 距离Ⅰ段的整定计算公式是：

____。

保护 3(QF3) 距离Ⅰ段的整定计算公式是：

____。

保护 1 和保护 3 的Ⅰ段动作时间分别是______________和______________。

距离Ⅰ段最小保护范围为被保护线路全长的______________。

4. 距离Ⅱ段整定计算

如图 D1 所示，保护 1(QF1) 距离Ⅱ段的整定计算公式是（有多个列举多个）：____。

保护 1 的Ⅱ段动作时间是________________________。

保护 1 的Ⅱ段灵敏度计算公式是：

____。

5. 距离Ⅲ段整定计算

如图 D1 所示，保护 1(QF1) 电流Ⅲ段的动作电流计算公式是：

____。

保护 1 的Ⅲ段动作时间是________________。

保护 1 的Ⅲ段灵敏度计算公式是：

近后备：____。

近后备：____。

三、整定计算

距离保护一次系统原理图如图 D1 所示，各线路首端均装设了三段式距离保护，功率因数 $\cos\varphi=0.9$，各线路 $x_0=0.4\Omega/\text{km}$，阻抗角 $\varphi_L=65°$，电动机的自启动系数 K_{ss} 均为 1.6，正常时母线最低工作电压取 $U_{L.min}=0.9U_N$（$U_N=$ 110kV）。试整定保护 QF1 整定值、动作时间及灵敏度。搭建二次回路，并自行检验正确性。表 D1 图 D1 的一次系统元器件见表 D1，距离保护 QF1 的定值清单见表 D2。

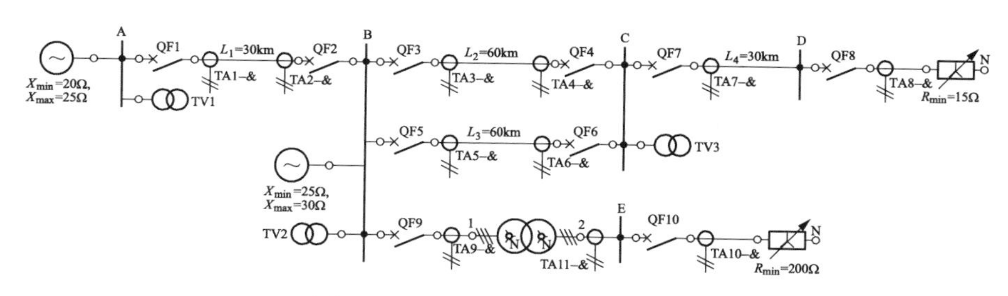

图 D1　距离保护一次系统原理图

表 D1　图 D1 的一次系统元器件

序号	元件显示	名称	型号	数量
1	$X_{min}=20\Omega$，$X_{max}=25\Omega$	三相交流电源（中心接地）	JY-1	1
2	$X_{min}=25\Omega$，$X_{max}=30\Omega$	三相交流电源（中心接地）	JY-1	1
3～12	QF1～QF10	高压断路器	SW2-110/1600-31.5	10
13～17	A～E	母线	LMY-25-3	5
18～27	TA1～TA10	三相电流互感器	LMZ3D-1000/5	10
28～30	TV1～TV3	三相电压互感器（Yy）（一次侧）	JY100/0.1	3

续表

序号	元件显示	名称	型号	数量
31	T1	三相双绕组变压器（Yy、电抗、变比）	JY-110-140	1
32	$R_1/R_2=200$	三相对称负载（一次回路）	JY-50Hz	1
33	直流电源	直流电源（小母线形式）	DC-220V	1

表 D2　　距离保护 QF1 的定值清单

保　护		1
整定阻抗（Ω）	Ⅰ段	
	Ⅱ段	
	Ⅲ段	
动作时限（s）	Ⅰ段	
	Ⅱ段	
	Ⅲ段	
灵敏度	Ⅰ段	
	Ⅱ段	
	Ⅲ段近后备	
	Ⅲ段远后备（相邻线路）	
	Ⅲ段远后备（变压器）	

以下为计算过程：

四、实验操作方法与步骤

（1）保护 1、3、5、7 二次系统接线图如图 D2 所示。保护 2、4、6 二次系统接线图如图 D3 所示。

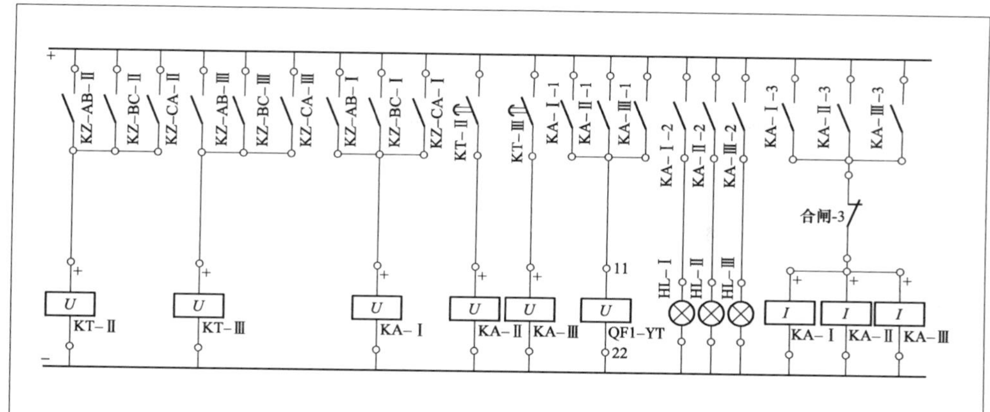

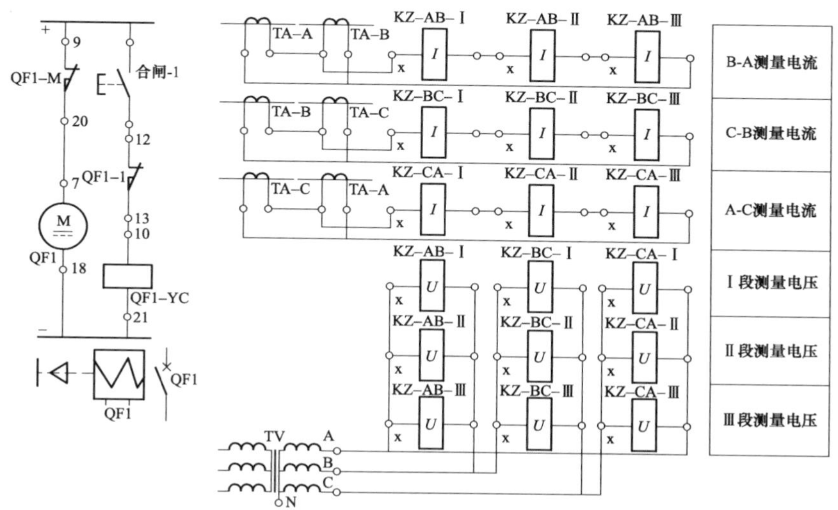

图 D2 二次回路 1、3、5、7 二次系统原理图

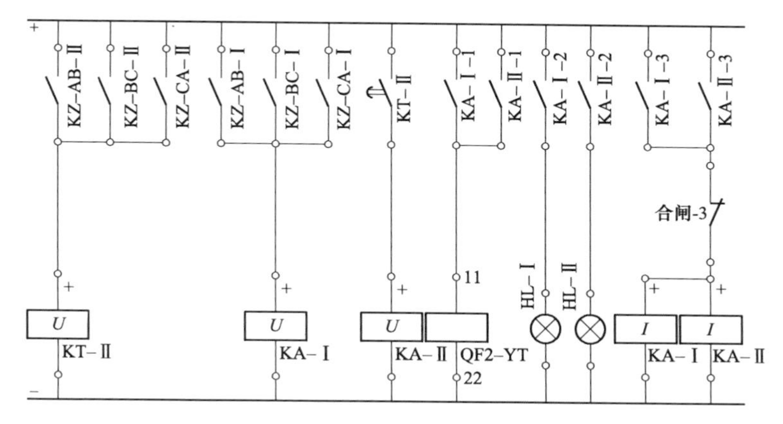

图 D3 二次回路-保护 2、4、6 实验接线图（一）

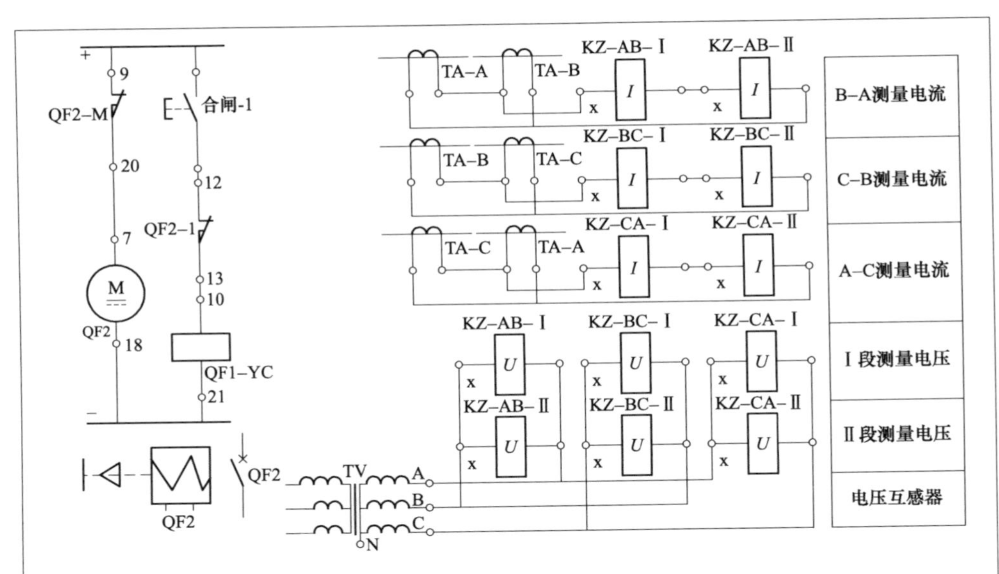

图 D3　二次回路-保护 2、4、6 实验接线图（二）

（2）虚拟实验元器件。二次系统元器件见表 D3。

表 D3　　二次系统元器件

序号	元件显示	名称	型号	数量
1～11	TA1～TA11	三相电流互感器	LMZ3D-600/5	2
12～20	KZ1～KZ9	阻抗继电器	JY-方向圆（相间）阻抗继电器	9
21～23	KT1～KT3	JY 时间继电器	JY-DS 220V	3
24～26	HL1～HL3	交流指示灯	E-220	3
27	KM	JY 中间继电器	JY-DS 2A	1
28	QF1	弹簧操动机构直流展开图	CT8-1 DC220V	1
29	合闸	自动复归手动按钮开关	JY-110V/3A	1
30	复归	自动复归手动按钮开关	JY-110V/3A	1
31	直流电源	直流电源（小母线形式）	DC-220V	1

（3）虚拟实验步骤。

1）在继电保护软件中，打开距离保护案例（3.1），并将其另存为本地资源。

2）设置对应关系。包括一、二次回路间 TA、TV 和操动机构的对应关系。（可选）

3）计算并设置各保护的动作阻抗、延时时间整定值。

4）运行该电路。待储能电动机储能结束后，在“工具”菜单中点选“执行设置指令”。在弹出的对话框中，选中“合闸.cm”文件并点击“执行指令设置”按钮，即可一键闭合一次回路中的所有断路器，观察系统是否处于正常运行状态。

5）设置输电线路故障。右键选中输电线L3，设置故障（此处以A、B相相间短路、金属性永久性、故障位置距QF5=36km为例）。点击“设置故障”按钮，即可观察保护5、6的相应继电器、指示灯和操动机构的动作情况。

6）保护配合验证。

a. 在步骤5的基础上，再次执行“合闸.cm”文件。

b. 在一次回路中，右键选中，设置故障。在弹出的对话框中。勾选“拒动”并点击“设置故障”按钮。然后，重复步骤5），观察一次回路保护动作情况。

c. 类似地，请自定义输电线路、元器件其他类型故障，观察保护动作情况。

7）在“工具”菜单中点选“阻抗继电器动作区域、单步运行”，也可观阻抗圆及保护的每一步动作情况（详细功能见软件使用手册）。

8）通过上述实验操作，加深对距离保护工作原理的理解。

9）实验结束后，即可返回退出。

五、实验记录与处理（数据、图表、计算等）

（1）三段式距离保护：各线路10km处，A、B、C相相间短路，金属性永久性，最大运行方式。备注说明哪一段动作及动作时间。

表D4　各线路10km处发生三相相间短路保护动作情况

短路点	保护1	保护2	保护3	保护4	保护5	保护6	备注
AB线路（L1）							
BC线路（L2）							
BC线路（L3）							
CD线路（L4）							

（2）三段式距离保护：各线路末端短路，B、C相相间短路、金属性永久性。最小运行方式。备注说明哪一段动作及动作时间。

表 D5　　各线路末端发生 BC 相间短路保护动作情况

短路点	保护 1	保护 2	保护 3	保护 4	保护 5	保护 6	备注
AB 线路（L1）							
BC 线路（L2）							
BC 线路（L3）							
CD 线路（L4）							

六、数据处理与实验结果分析（略）

七、深入思考

（1）试说明三段式电流保护与三段式距离保护有何区别。

（2）试说明整定阻抗、测量阻抗、动作阻抗、短路阻抗、负荷阻抗的意义。

（3）什么是助增和外汲电流？它们对阻抗继电器的工作有什么影响？

八、实验小结

附录E　变压器差动保护实验报告

重庆科技学院

实　验　报　告　册

（电力系统继电保护）

课程名称：电力系统继电保护　　开课学期：

学　　院：电气工程学院　　实 验 室：电气工程实验中心

学生姓名：　　专业班级：

学　　号：　　实验网址：http://222.180.188.203:8080

实 验 报 告

课程名称		电力系统继电保护	实验项目名称	电力变压器差动保护虚拟仿真实验	
开课院系及实验室		电气工程学院 电气工程实验中心		实验日期	
姓名		学号		专业班级	
预习报告指导教师签字				实验成绩	

一、实验的目的和要求

（1）熟悉变压器纵差保护的组成原理及整定值的调整方法。

（2）了解 YNd11 线的变压器，其电流互感器二次接线方式对减少不平衡电流的影响。

（3）了解变压器差动保护的特点，观察差动保护在变压器外部故障和内部故障时二次回路动作情况。

二、实验原理、内容及所涵盖的知识点

1. 变压器参数计算

变压器额定电流计算公式为______________________________。

2. 电流互感器的选择

变压器差动保护中，YNd11 的降压变压器，高压侧电流互感器选择______________，低压侧电流互感器选择______________。设变压器高压侧额定电流 400A，电流互感器变比应该选择为__________，设变压器低压侧额定电流 4200A，电流互感器变比应该选择为__________，此时二次侧的额定电流，高压侧为__________，低压侧为__________。

3. 不带制动特性差动继电器整定计算

（1）按躲过最大不平衡电流整定计算公式是：

____。

（2）按躲过励磁涌流整定计算公式是______________________________。

（3）按躲过电压回路断线整定计算公式是____________________________。

（4）实际的整定电流应该取______________________________________。

4. 差动继电器动作方程

（1）不带制动特性的差动继电器动作方程是：

____。

（2）带制动特性的差动继电器动作方程是：

____。

三、整定计算

网络参数如图E1所示，变压器装设不带制动特性差动继电器，各线路参数见表E1，阻抗角$\varphi_L=70°$。由图E1计算最大运行方式三相和最小运行方式两相短路电流：最大运行方式QF5合上，QF10断开，电源阻抗取最小值；最小运行方式QF5断开，QF10断开，电源阻抗取最大值。系统参数见表E1～表E4。试计算短路电流填入表E4和表E5。选择电流互感器及其变比并整定变压器差动保护定值。线路长度AC1=20km，AC2=32km。

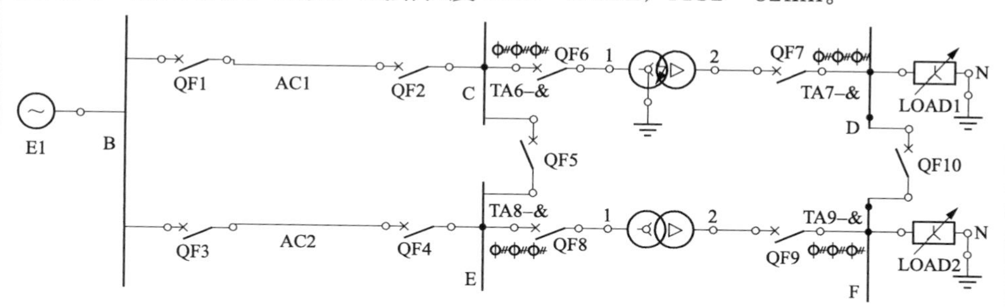

图E1 变压器差动保护一次系统原理图

表E1 **输电线路参数**

线路	正序电阻(Ω/km)	正序电抗(Ω/km)	零序电阻(Ω/km)	零序电抗(Ω/km)	长度(km)	型号
AC1	0.04	0.308	0.2	0.4013	20	2×LGJQ-400
AC2	0.04	0.308	0.2	0.4013	32	2×LGJQ-400

表E2 **电源参数（有名值）**

电源(标幺值)	零序电抗(大方式)	正序电抗(大方式)	零序电抗(小方式)	正序电抗(小方式)
Gen _ 1(Pu)	12.67Ω	3.0Ω	13.54Ω	5.0Ω

表E3 **变压器参数**

变压器	型号	P_0(kW)	10%	P_k(kW)	U_k%	接线
T1	SF11-31500/110	24.6	0.6	126.4	10.5	YNd11
T2	SF11-31500/110	24.6	0.6	126.4	10.5	YNd11

表E4 **短路电流计算（最大运行方式三相短路）**

短路点	短路电流(kA)	短路容量(MVA)	变压器T1电流(kA)	变压器T2电流(kA)
变压器T1低压侧短路				

表 E5　　短路电流计算（最小运行方式两相短路）

短路点	短路电流（kA）	短路容量（MVA）	变压器 T1 电流（kA）	变压器 T2 电流（kA）
变压器 T1 低压侧短路				

表 E6　　图 E1 虚拟元器件

序号	元件显示	名称	型号	数量
1	110kV(E1)	三相交流电源（序电抗）	JY-0	1
2～5	B～F	三相母线	LMY-25-3	5
6～15	QF1～QF10	高压断路器（通用）	JY-1	10
16～19	TA6～TA9	三相电流互感器（3×1）	3×1	4
19、20	AC1、AC2	JY 输电线	JY-1	2
20、21	LOAD1-2	三相对称负载（50Ω）	JY-50Hz	2
22、23	T1、T2	三相双绕组变压器（SF11-31500/110）	JY-50Hz	2
24、25	GND	接地	—	2

高压侧电流互感器变比为__________，低压侧电流互感器变比为__________，差动继电器二次侧整定电流为__________。

整定计算过程如下：

四、实验内容

（1）差动保护二次系统接线图（保护1和保护2）。变压器差动保护二次接线图如图E2所示。

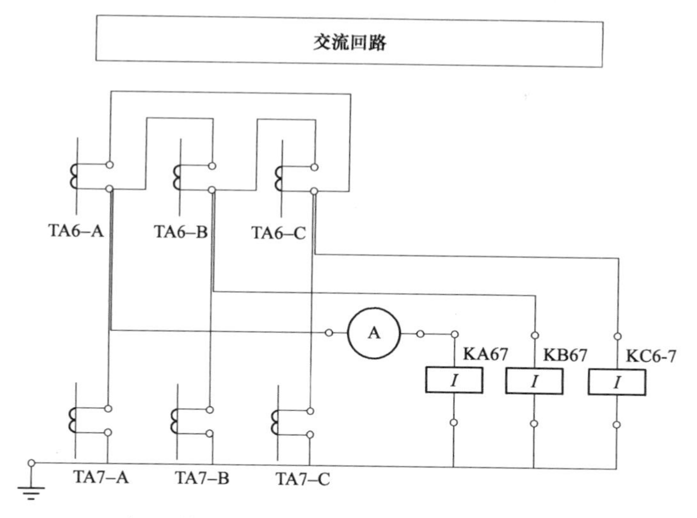

(a) 变压器差动保护二次接线交流回路图（T1、T2相同）

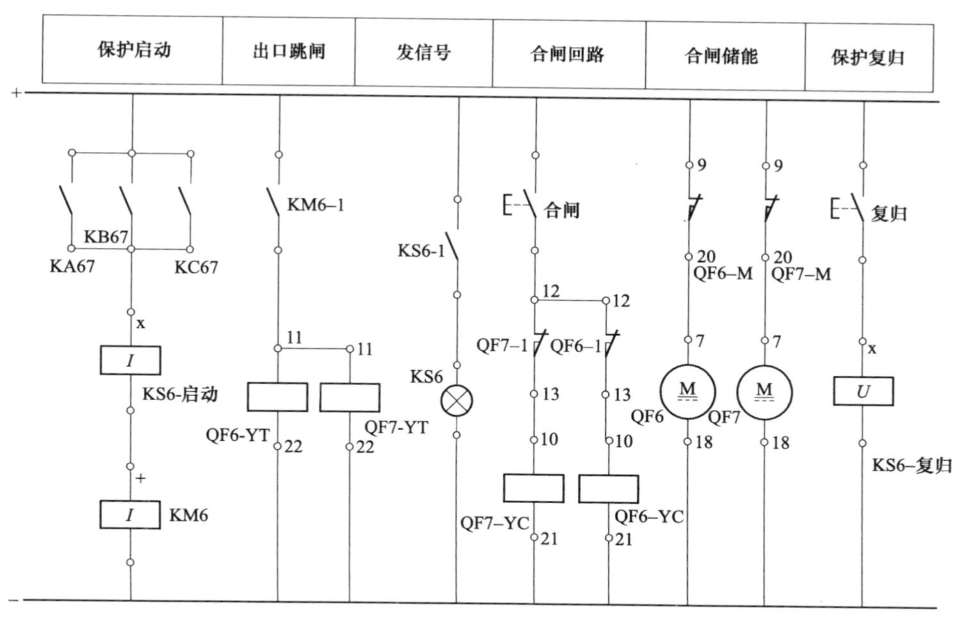

(b) 变压器差动保护二次接线直流回路图（T1、T2相同）

图E2 变压器差动保护二次接线图

（2）虚拟实验元器件。图E2的二次系统元器件见表E7。

表 E7　　　　图 E2 二次系统元器件

序号	元件显示	名称	型号	数量
1	TA6	三相电流互感器（二次侧）	LMZ3D-300/5	1
2	TA7	三相电流互感器（二次侧）	LMZ3D-2000/5	1
3～5	KABC67	差动继电器（不带制动特性）	JY-1	3
6	A1	电流表	JY-1	1
7	KS6	JY 电流启动信号继电器	JY-DX220V-2A	1
8	KM6	JY 电流启动中间继电器	JY-DS 2A	1
9、10	QF6、QF7	弹簧操动机构直流展开图	CT8-1 DC220V	2
11	合闸	自动复归手动按钮开关	JY-110V/3A	1
12	复归	自动复归手动按钮开关	JY-110V/3A	1
13	直流电源	直流电源（小母线形式）	DC-220V	1

（3）虚拟实验步骤。

1）在继电保护软件中，新建变压器差动保护实验。

2）按照图 E1 画出一次回路图，设置电路参数并保存。

3）按照图 E2 画出二次回路电路图，设置电路参数并保存。

4）按照图 E3 设置对应关系并保存。包括一、二次回路间 TA 及操动机构的对应关系。

编号	连接件	部件---接口	部件---接口
03	断路器和操动机构连接件	变压器一次回路---QF6-断路器	变压器二次回路---QF6-操动机构
04	断路器和操动机构连接件	变压器一次回路---QF7-断路器	变压器二次回路---QF7-操动机构
01	电流互感器连接件	变压器一次回路---TA6-电流互感器	变压器二次回路---TA6-A-电流互感器
02	电流互感器连接件	变压器一次回路---TA7-电流互感器	变压器二次回路---TA7-A-电流互感器

图 E3　变压器保护的对应关系

（4）计算并设置差动保护的动作电流，然后保存。

（5）运行该电路。将一次回路的断路器合闸。观察电路是否运行正常。

（6）设置变压器区内故障。

右键选中变压器 T1，设置故障（此处以 A、B 相相间短路、金属性永久性为例）。点击“设置故障”按钮，即可观察保护 QF6、QF7 相应继电器、指示灯和操动机构的动作情况。实验结束后，修复故障并再次执行设置指令。

类似地，请自定义变压器其他类型故障。

实验结束后，修复故障并再次执行设置指令。

（7）设置变压器区外故障。

右键选中变压器区外 D 母线，设置故障（此处以 A、B 相相间短路、金属性永久性为例）。点击“设置故障”按钮，即可观察保护 QF6、QF7 相应继电器、指示灯和操动机构的动作情况。记录变压器差动电流值。实验结束后，修复故障并再次执行设置指令。

类似地，请自定义D母线其他类型故障。

实验结束后，修复故障并再次执行设置指令。

(8) 实验结束后，修复故障。

通过上述操作，体会并掌握功率方向继电器在含双侧电源电流保护中的重要作用。

(9) 实验结束后，即可返回退出。

注意：也可在“工具”菜单中点选“单步运行”，点击下一步指示箭头观察保护的每一步动作情况。重新设置故障时须关闭“单步”，点击连续菜单。

五、实验记录与处理（数据、图表、计算等）

详见第七章变压器差动保护虚拟实验步骤的表格（此处略）。

六、数据处理与实验结果

略

七、深入思考

(1) 比较带制动特性差动继电器和不带制动特性差动继电器整定计算有什么不同之处？把继电器改为带制动特性的差动继电器，应该如何整定接线？

(2) 三绕组变压器与两绕组变压器差动保护的配置有何不同？

(3) 变压器差动保护中产生不平衡电流的因素有哪些？应该如何减小这些不平衡电流？

八、实验小结

参 考 文 献

[1] 张保会，尹项根．电力系统继电保护（第 2 版）[M]. 北京：中国电力出版社，2010.

[2] 张大伟．二次继电保护设计方法及问题 [J]. 电子世界，2018（12）：187-188.

[3] 王志扬．浅谈变电站继电保护二次回路设计方法及问题 [J]. 建材与装饰，2017（51）：265-266.

[4] 李炎桓．35kV 变电站的继电保护配置及其整定计算 [J]. 中国高新区，2017（16）：129.

[5] 孔海波．我国电力系统继电保护现状及发展趋势探讨 [J]. 山东工业技术，2016（24）：205-211.

[6] 谢志武．35kV 总降压变电站设计与应用研究 [J]. 中国电业（技术版），2013（10）：4-7.

[7] 周永然．工厂供配电无功补偿的意义 [J]. 科技与企业，2012（20）：148＋150.

[8] 刘介才．工厂供电（第 6 版）[M]. 北京：机械工业出版社，2016：26-35.

[9] 包晶晶．35/10kV 总降压变电站电气设计与防雷保护研究 [D]. 江西：南昌大学，2012：27-38.

[10] 弋东方．电力工程电气设计手册 2（电气一次部分） [M]. 北京：中国电力出版社，2017：40-45.

[11] 钱三朝．探析供电系统短路电流计算的技术探讨 [J]. 山东工业技术，2019（06）：197.

[12] 贺青童．35kV 变电站继电保护系统的设计与应用 [D]. 河北：河北科技大学，2017：15-24.

[13] 任晓颖，杜怡薇．谈对电力系统中最大运行方式和最小运行方式的理解 [J]. 内蒙古石油化工，2008，34（24）：57.

[14] 李晓庆．兖矿电网线路继电保护参数的校验与改进 [D]. 山东：山东大学，2008：1-3.

[15] 宋振宇．探讨高压电器选择在变电所电气设计中的重要性 [J]. 黑龙江科技信息，2012（33）：22.

[16] 何晓宇．35KV 变电站继电保护设计与整定 [D]. 黑龙江：东北石油大学，2016：57-60.

[17] 邹文君．110KV 变电站继电保护的配置及整定计算 [D]. 大连：大连理工大学，2014：50-52.

[18] 何瑞文．电力系统继电保护（第 2 版）[M]. 北京：机械工业出版社，2017.

[19] 姚伦哲，刘晓帆．智能变电站的发展现状与趋势 [J]. 化工管理，2019（26）：152-153.

[20] 史皓然．智能化变电站过程层通信冗余网络的研究 [D]．西华大学，2016：24-26.

[21] 吴晨光．智能化建筑电气供配电系统负荷计算 [J]. 科学技术创新，2021（33）：148-150.

[22] 王伟．PSASP 在电力系统短路计算中的应用 [J]. 科学技术创新，2020（06）：180-181.